工程卫士
建设赢家

王早生

二〇二二年八月十六日

2022 中国建设监理与咨询

——项目管理与创新研究

主编　中国建设监理协会

中国建筑工业出版社

图书在版编目（CIP）数据

2022中国建设监理与咨询：项目管理与创新研究 /
中国建设监理协会主编. — 北京：中国建筑工业出版社，
2022.9

ISBN 978-7-112-27878-7

Ⅰ.①2… Ⅱ.①中… Ⅲ.①建筑工程－监理工作－
研究－中国 Ⅳ.①TU712

中国版本图书馆CIP数据核字（2022）第162988号

责任编辑：费海玲 焦 阳
文字编辑：汪箫仪
责任校对：王 烨

2022 中国建设监理与咨询
—— 项目管理与创新研究
主编 中国建设监理协会
*
中国建筑工业出版社出版、发行（北京海淀三里河路9号）
各地新华书店、建筑书店经销
北京雅盈中佳图文设计公司制版
天津图文方嘉印刷有限公司印刷
*
开本：880毫米×1230毫米 1/16 印张：$7^1/_2$ 字数：300千字
2022年9月第一版 2022年9月第一次印刷
定价：35.00元
ISBN 978-7-112-27878-7
　　（40031）

目录 CONTENTS

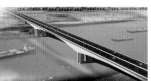

"监理人员自律规定"课题开题会顺利召开

2022年6月14日上午，中国建设监理协会"监理人员自律规定"课题开题会以线上线下相结合方式召开。中国建设监理协会会长王早生、副会长兼秘书长王学军、副秘书长温健、专家委员会常务副主任修璐等线上参加会议；课题组专家江苏省建设监理与招投标协会会长陈贵、武汉市工程建设全过程咨询与监理协会会长汪成庆、广西建设监理协会会长陈群毓、河南省建设监理协会常务副会长兼秘书长耿春等30多位专家参加会议。会议由河南省建设监理协会会长兼课题组组长孙惠民在郑州主持。

该课题由协会委托河南省建设监理协会牵头，江苏、广西、武汉等多家行业协会、业内资深专家共同研究编制。"监理人员自律规定"旨在通过对监理人员的职业行为、廉洁，诚信自律和规范职业道德进行研究，从监理服务的各阶段对监理人员的职业行为提出自律规定，进一步规范和提升监理人员的职业道德和服务意识，树立监理队伍履职尽责、廉洁执业的良好形象，提升监理人员的服务质量，促进建设监理行业的健康发展。

河南省建设监理协会会长孙惠民介绍了参会的领导和课题研究组专家及课题相关内容，并对参与课题研究的专家表示诚挚的感谢。课题研究具体负责人袁文宏详细汇报了课题总体情况、工作思路、编制大纲以及课题研究组成员任务分工。各位专家围绕标准的适用范围、依据原则、内容重点、编写计划安排等进行了充分讨论，提出了意见和建议。

中国建设监理协会副会长兼秘书长王学军提出，廉洁自律关系百年大计，非常重要。有关监理行业人员廉洁自律问题，各地政府相继出台廉洁自律相关规定，例如重庆市住房和城乡建设委员会发布的关于实施房屋市政工程监理工作"十不准"；中国建设监理协会也发布了个人会员职业道德行为准则、会员自律公约、会员信用评估办法等相关规定和要求，课题组可以参照已出台的相关规定围绕廉洁自律，研究怎么更规范引导监理人员廉洁执业。副秘书长温健提出，廉洁自律问题非常重要，要引起足够的重视，同时，课题组可根据2016年发布的《国务院办公厅关于加强个人诚信体系建设的指导意见》（国办发〔2016〕98号）及各地廉洁自律相关规定进行编写，港澳地区相关条款也可参照，突出廉洁自律这个重点，注重自律的可操作性。课题验收组组长、协会专家委员会常务副主任修璐指出，近年来政府部门很关注廉洁自律问题，从保障工程质量角度来说，研究此问题也是非常有必要。他建议：一是要解决好自律规定的定义，研究各协会已出台自律公约、准则等与现有课题定义的区别；二是根据工程性质、内容，抓取不同类型的工程，以及各企业廉洁自律的关键点来写；三是廉洁自律的具体内容要足够丰富；四是课题编写过程中要明确重点内容、重点方向。

中国建设监理协会会长王早生肯定了课题组研究方向及编制分工、时间安排，并对课题的研究提出要求。王早生会长强调，一是课题研究要坚持问题导向，对存在的问题进行梳理；要依据现行的法律法规，体现出政策的要求，同时还要树立"工程卫士，建设管家"原则。二是要把握好课题研究的人员范围和适用范围，研究内容要广泛、全面，切合工作实际和行业发展的需要。三是编制过程中要广泛开展调研，多听取专家的意见和建议，吸收借鉴国内外相关规定内容，取长补短。

"工程监理职业技能竞赛指南"开题会顺利召开

2022年6月15日，"工程监理职业技能竞赛指南"开题会采取线上线下结合的方式，在合肥顺利召开。中国建设监理协会会长王早生、副秘书长王月、专家委员会副主任兼课题验收组组长杨卫东，安徽省建设建材工会（文明办）主任、一级调研员程德旺，安徽省住房城乡建设厅建筑市场监管处二级调研员辛祥，安徽省人力资源与社会保障厅人力资源流动管理处二级调研员康平，贵州省建设监理协会会长杨国华，河南省建设监理协会会长孙惠民等领导及专家共计55人参加了会议。安徽省建设监理协会副会长赵红志主持会议。

安徽省建设监理协会会长苗一平首先对参会领导及专家表示感谢，希望在中国建设监理协会和业务主管部门的指导下，在各位专家的共同努力下，课题组能够高质量地完成课题研究。

主编单位代表介绍了课题研究的相关前期准备工作、课题研究的总体思路和"工程监理职业技能竞赛指南"及研究报告的总体框架。课题组、指导组专家讨论了课题研究大纲，确定了课题研究的总体思路和方向，讨论并确定了"工程监理职业技能竞赛指南"的基本框架，对部分条款进行了深入细致的讨论、分析和完善。

中国建设监理协会专家委员会副主任，课题验收组长杨卫东对课题研究的总体方向、研究方法、研究重点、研究目标等做了全面的分析和梳理，对课题研究和课题组今后的工作作重要指导。

安徽省人力资源与社会保障厅人力资源流动管理处二级调研员康平肯定课题研究的意义，对课题开展提出了宝贵建议，表示将全力支持课题编制工作。

安徽省建设建材工会（文明办）主任程德旺表示，竞赛转化为课题研究可以激励更多劳动者特别是青年一代走技能成才、技能报国之路，培养更多高技能人才和大国工匠。他表示将全力支持课题编制的组织协调工作。

王月副秘书长充分肯定了安徽省建设监理协会在课题研究中做出的大量工作，她认为此项课题研究意义重大，行业竞赛对内可以提高行业从业人员的能力水平，使行业焕发生机与活力，对外可以宣传行业形象，使外界了解行业知识，此项课题研究利于职业技能竞赛规则常态化、规范化、标准化。

王早生会长作重要讲话，他指出工程监理职业技能竞赛课题研究很有针对性，希望在安徽省及其他省市职业技能竞赛成功经验的基础上形成一套规则，推广到其他省份，以竞促学，促进行业发展。王会长强调，监理发展要靠自身努力，要做好"工程卫士，建设管家"，监理还需多方面重视人才培养，在工程监理行业向全过程工程咨询服务方向转型的背景下，提升自身素质，顺势而为，抓住机遇，通过竞赛的途径更好、更快地发展行业人才。王会长要求课题组广泛收集其他省份行业竞赛的经验，既要有常规的监理从业知识，又要体现人员实操，更要融合数字化、智能化、信息化知识以适应行业高质量发展。

最后，王早生会长对参会领导、专家对监理行业发展的关心和支持表示感谢，对课题组开题会的顺利召开表示祝贺，希望课题组全体人员再接再厉，圆满完成课题研究任务。

贵州省建设监理协会召开第五届会员代表大会完成换届选举

2022 年 5 月 14 日，贵州省建设监理协会第五届会员代表大会在贵阳召开。大会选举产生了贵州省建设监理协会第五届理事会和第五届监事会。

协会四届理事会会长杨国华代表四届理事会向大会作《贵州省建设监理协会四届理事会工作报告》。

会议审议并通过了《贵州省建设监理协会四届理事会工作报告》《第四届理事会财务报告》《第四届监事会工作报告》《贵州省建设监理协会章程（修改草案）》。

换届领导小组组长、副会长古建林对五届理事会、监事会换届工作方案及换届工作委员会的工作情况向全体会员代表进行说明，并向大会介绍了候选人名单。大会以无记名投票方式选举产生了协会第五届理事会理事和监事会监事。大会选举结束暂时休会。

大会休会期间召开了五届第一次理事会，理事会以无记名投票方式选举产生了第五届常务理事和新一届理事会领导班子。张雷雄当选第五届理事会首任轮值会长，王伟星当选第五届理事会常务副会长兼秘书长，古建林、胡涛、张勤、孙利民、郑国旗、余能彬、杨庭林、陈旭炯和刘建明当选第五届理事会副会长。会议根据王伟星秘书长的提名，决定聘任刘洪德、项娟、王京三位同志为协会副秘书长。

第五届理事会推举了杨国华同志为协会名誉会长兼顾问，推举付涛同志为荣誉会长，决定聘任汤斌同志为协会顾问。

第五届监事会召开会议选举周敬为监事会主席。

大会复会后，新当选首任轮值会长张雷雄发表讲话。对第四届理事会的工作给予了充分肯定，并表示第五届理事会将不辜负全体代表及协会全体会员的期望，在省民政厅、省住房城乡建设厅的领导和中国建设监理协会的指导下，团结全体会员单位，为实现贵州省工程监理行业转型升级高质量发展的目标而共同奋斗。

张雷雄会长代表五届理事会感谢四届理事会所做的工作，特别感谢杨国华会长，三维建设咨询有限公司董事长、协会四届理事会副会长付涛先生，副会长兼秘书长汤斌同志及所有老专家、老同志对贵州监理行业做出的贡献。

新当选常务副会长兼秘书长王伟星在就职发言中表示，协会将认真落实中央经济工作会议精神和全国住房和城乡建设工作会议精神，坚持以保障质量安全为使命，以改革创新为动力，以市场需求为导向，提高服务质量，积极推进自律管理，加强标准化建设，努力提升履职能力，积极推进会员单位诚信建设，引领监理行业高质量发展，以优异成绩迎接党的二十大胜利召开。

（贵州省建设监理协会　供稿）

赓续红色血脉，传承红色基因——武汉市工程建设全过程咨询与监理协会党支部"以学促做"迎七一

为了进一步提升党员理想信念，接受党性和革命传统再教育，2022 年 6 月 28 日，协会党支部党员赴"武汉抗战第一村"黄陂区姚家山村新四军第五师历史陈列馆开展主题党日活动，通过重温革命峥嵘岁月，缅怀先烈丰功伟绩，激励大家学习姚家山革命老区艰苦卓绝的革命精神，在学习和工作中进一步深入贯彻落实习近平总书记训词要求，不断提升党性修养和党性意识，强化责任担当，认真履职尽责。

参观现场，全体党员面对党旗庄严宣誓，集体重温入党誓词、集体诵读党章，激发了全体党员的荣誉感、责任感和使命感，更加坚定了全体党员的入党初心和积极奉献的决心。

大家参观了新四军第五师历史陈列馆和新四军第五师司政机关等多处旧址。通过陈列馆和旧址内陈设的大量历史图片和珍贵文物，重温了新四军第五师在抗战时期那段百折不挠、骁勇善战的光辉历史，感受了革命先烈为民族解放和理想信念一往无前的奋斗牺牲精神。

缅怀英烈祭忠魂，抚今追昔思奋进。通过此次主题党日活动，全体党员们收获的不仅是感动、震撼，更从中汲取营养、感受力量，接续革命前辈的光荣历史与精神，坚守正义初心，昂扬奋发向前。大家纷纷表示，要深入学习贯彻党的十九大及历次全会精神和习近平总书记讲话要求，发扬光荣传统、传承红色基因，不忘初心、继续前进，努力为监理咨询事业的发展贡献个人力量。

（武汉市工程建设全过程咨询与监理协会　供稿）

河南省建设监理协会党支部组织开展"庆七一"主题党日活动暨党史学习教育

为巩固深化党史学习教育成果，进一步加强对协会和会员企业党员的党性教育，积极营造喜迎二十大的浓厚氛围，2022 年 6 月 25 日，河南省建设监理协会党支部联合河南恒业建设咨询有限公司党支部组织开展了"庆七一"主题党日活动暨党史学习教育。

此次主题党日活动暨党史学习教育以"传承建党精神，汲取奋进力量，争做新时代出彩监理人"为主题，活动主要包括：党史学习教育点现场教学、视频教学、重温入党誓词、党建工作调研和座谈交流等内容。

晋豫边革命根据地是抗日战争时期，根据党中央、毛主席的统一部署，在中共中央北方局和八路军总部的直接领导下，由朱瑞、唐天际、聂真等老一辈革命家领导开创的敌后抗日根据地。在晋豫边革命纪念馆，大家认真聆听讲解，观看图片、文献等展览资料，重温了晋豫边地区建立党组织、发动工农运动、组建游击队、开创抗日根据地等中国共产党成长壮大的艰难历程和丰功伟绩，革命先辈的英勇事迹与革命精神，使每位党员深受鼓舞与激励。

参观结束后，党支部书记孙惠民带领全体党员在纪念馆前庄严地重温了入党誓词。

在愚公移山红色教育基地，全体党员走上列子寻访小道，参观愚公村遗址院落、古代文人题词墙、愚公移山铜人像、愚公铁卷广场和新时代广场，全方位了解愚公移山精神及其时代价值，深深品悟"山再高，往上攀，总能登顶；路再长，走下去，定能到达"的精神内涵。

在觉悟院，大家观看了影视教育片《共产党人的觉悟》，影片通过一张张珍贵的历史图片，从革命先烈后人的视角，展现了先烈们舍小家为大家、百折不挠、前赴后继的革命精神。大家深刻体会到中国共产党克服困难、永不服输的伟大气魄，百年奋斗历程的艰辛，以及今日幸福生活的来之不易。

在交流环节，大家纷纷表示，要深入学习革命前辈们坚韧不拔、艰苦奋斗的坚强意志和崇高精神，在工作中践行"敢想敢干、开拓创新、坚韧不拔、团结奋斗"的愚公移山精神，勇于担当作为，用实际行动践行铮铮誓言，为河南建设监理行业的持续健康发展做出更多贡献。

（河南省建设监理协会　供稿）

天津市建设监理协会第四届七次会员代表大会顺利召开

2022 年 6 月 23 日，天津市建设监理协会采用线上视频会议方式顺利召开第四届七次会员代表大会。协会理事长郑立鑫，副理事长王笑、庄洪亮、何朝辉，监事长郑国华，协会党支部副书记赵光琪在主会场参加会议。协会副理事长吴树勇、赵维涛、裴景辉、肖辉、郑继刚、景波，监事王剑、石嵬在线参加了会议，会议由协会副理事长庄洪亮主持。会员代表共 168 人参加了线上视频会议。

协会党支部副书记赵光琪传达了市国资系统行业协会商会党委"行业协会党建工作会"精神和《天津市非公有制经济组织和社会组织党组织职责清单》《关于发挥行业协会商会党组织作用促进会员单位党建工作的措施（试行）》等文件通知。

协会理事长郑立鑫作《天津市建设监理协会 2021 年度工作总结暨理事长述职报告和协会 2022 年度工作要点》的报告。汇报了协会 2021 年度在党建工作、行业发展、服务会员、自身建设和资产管理等五个方面开展的各项工作。

协会监事长郑国华作《天津市建设监理协会监事会 2021 年度工作报告》。2021 年监事会依据本会章程和制度，认真履职、重点监督充分发挥监事会的监督作用，完成了市国资系统行业协会商会党委布置的相关工作。报告对协会工作也提出了建议。

协会副理事长王笑宣读《天津市建设监理协会 2021 年度财务决算与 2022 年度财务预算报告》。

参会代表以线上无记名投票方式审议通过了《天津市建设监理协会 2021 年度工作总结暨理事长述职报告和协会 2022 年度工作要点》《天津市建设监理协会监事会 2021 年度工作报告》和《天津市建设监理协会 2021 年度财务决算与 2022 年度财务预算报告》等三个报告。

协会副理事长何朝辉宣读《关于 2021 年度天津市监理企业、监理人员诚信评价结果的公告》。

至此，天津市建设监理协会第四届七次会员代表大会顺利完成了全部议程，会议圆满结束。

协会今后将持续加大工作的支持力度，主动作为，努力提升为会员单位提供精准服务、有效服务的水平。坚持以保障质量安全为使命，以改革创新为动力，以市场需求为导向，履行监理职责，以优异的成绩向党的二十大献礼。

（天津市建设监理协会　供稿）

"巾帼建新功，共展新风貌"第二届女企业家座谈会在合肥顺利召开

2022 年 8 月 25 日，由中国建设监理协会主办、安徽省建设监理协会协办、安徽省志成建设工程咨询股份有限公司承办的第二届女企业家座谈会在安徽合肥顺利召开，本届会议的主题是"巾帼建新功，共展新风貌"，来自全国 12 个省市的 20 余名女企业家参加会议。中国建设监理协会会长王早生、中国建设监理协会副会长兼秘书长王学军、安徽省建设监理协会会长苗一平、安徽省建设监理协会秘书长张孝庆、安徽省建设监理协会副秘书长罗芳出席会议。会议由安徽省志成建设工程咨询股份有限公司董事长陆玮主持。

中国建设监理协会副会长兼秘书长王学军作"在高质量发展中促进共同富裕"的主题讲话。他肯定了女企业家们在监理行业发展中发挥的重要作用，希望女企业家们发挥女性得天独厚的优势，带领企业在祖国经济建设中，在推动共同富裕进程中发挥更优秀的作用。他强调了企业在发展中要将"做蛋糕"与"分蛋糕"二者动态兼顾，相互兼容。要树立正确的发展观，加强诚信体系，信息化、标准化建设。同时既要处理好企业和社会之间的关系，履行社会责任，又要平衡好企业和员工的利益关系，树立企业良好形象，共同促进监理行业健康发展。

座谈会现场气氛热烈融洽，女企业家们畅所欲言，七家企业负责人：安徽省招标集团股份有限公司董事长顾凌波、云南城市建设工程咨询有限公司法人杨莉、上海智通建设发展股份有限公司总经理张凌云、河北永诚工程项目管理有限公司董事长王爱丽、深圳市深水水务咨询有限公司董事长黄琼、河南开大工程咨询有限公司董事长冯月、江苏苏维工程管理有限公司总经理卢敏等就经验分享情况进行了深度交流，对企业发展中遇到的问题进行了探讨，对当前形势下监理行业发展方向发表了意见。

会议取得圆满成功。

关于印发 "巾帼建新功，共展新风貌" 第二届女企业家座谈会上领导讲话的通知

中建监协〔2022〕38号

各有关单位：

为全面贯彻党的十九大和十九届历次全会精神，促进企业间的交流与合作，发挥监理行业中女企业家的积极作用，2022 年 8 月 25 日，中国建设监理协会召开 "巾帼建新功，共展新风貌"第二届女企业家座谈会。现将中国建设监理协会副会长兼秘书长王学军在座谈会上的讲话印发给你们，供参考。

附件：在高质量发展中促进共同富裕

中国建设监理协会

2022 年 9 月 2 日

附件：

在高质量发展中促进共同富裕

王学军
中国建设监理协会副会长兼秘书长
2022年8月25日

各位女企业家代表：

大家好！今天我们在安徽合肥召开第二届女企业家座谈会，本次会议的主题为 "巾帼建新功，共展新风貌"。去年的女企业家座谈会给我的印象很深刻，大家反馈活动举办得很成功，很有意义。有企业家积极提出协助举办今年的女企业家座谈会。为此，我们积极响应会员单位诉求，将女企业家座谈会列入年度工作计划中，为监理行业的女企业家们提供交流沟通的平台，发挥女企业家的创造力和感染力，共同促进行业高质量发展。这次女企业家座谈会由安徽省建设监理协会协办，安徽省志诚建设工程政协股份有限公司承办。将有七名女企业家在会上分享她们的经验和做法，相信对大家会有启发。

今天，女性已成为社会主义伟大事业的建设者，成了中华民族伟大复兴的重要力量。越来越多的优秀女性成为各行各业的骨干。女性特有的聪明才智和作用得到广泛发挥，妇女同胞们正以豪迈的气概，在中华民族伟大复兴的各条战线上锐意进取，奋勇争先，在社会各界、各领域都绽放着绚丽光彩。有数据显示，我国女企业家数量逐年攀升，大多分布在服务行业，且以中小微企业为主。我们监理行业的女企业家数量虽不算多，却是行业发展中一支不可或缺的力量。在座的各位女企业家在工作中自强不息、在市场中开拓进取，彰显了自强不息、坚韧刚毅、睿智豁达的新时代女性风采。

今年是党的二十大召开之年，也是我国进入全面建设社会主义现代化国家，向第二个百年奋斗目标进军的重要一年。我们站在历史的交汇点上，当以踔厉奋发之姿态，笃行不怠，以 "十四五"规划和 2035 年远景目标、任务、战略为

引领，深刻思考监理行业改革发展方向，锚定高质量发展目标。

习近平总书记说过，"在全面建设社会主义现代化国家新征程中，我们必须把促进全体人民共同富裕摆在更加重要的位置"。实现共同富裕是我国2035年远景目标之一，贯穿于我国现代化新道路形成和拓展的全过程，是共产党的初心使命和美好愿望。企业在践行共同富裕理念时，既要通过全员的共同奋斗，把"蛋糕"做大做好，为分配提供充足的物质基础；又要通过合理的制度安排把"蛋糕"切好分好，更好地激发员工的积极性和创造性。二者要动态兼顾，相互兼容。

做大做好"蛋糕"，核心就是高质量发展。一是要树立正确的发展观。工程监理是关系工程质量和投资效益的业务工作，也是关系人民生命财产安全的政治工作，要始终坚持在向业主负责的同时向社会负责，发扬技术求精、坚持原则、勇于奉献、开拓创新的精神，不断提高思想政治觉悟，强化责任担当意识。二是要加强诚信体系建设。诚信是市场经济的基石，是支撑市场经济秩序规范有序的灵魂。对工程监理行业来说，诚信不仅是企业安身立命之本，更是行业服务国家经济建设的内在要求。要增强企业和监理人员的诚信意识，树立"守信为荣、失信为耻"的行业风气，让诚信观念耕植于心，践之于行，不断提高监理行业的社会公信力，进而赢得市场、赢得未来。三是要加强信息化建设。加强企业信息化建设是提高企业核心竞争力，优化企业的管理模式、适应市场环境的有利途径。监理企业的决策者应提高思想站位，高度重视企业信息化建设。通过加大信息化投入，提高信息化管理

和智慧化服务水平，发挥现代通信和网络在提升企业管理效率中的作用，实现业务管理和现场管理深度融合，提升企业核心竞争力和服务质量，切实促进企业提质增效。四是要加强标准化建设。标准化工作对规范监理工作行为，界定工程监理责任具有重要的现实意义。行业标准体系的建设，有助于促进工程监理工作的量化考核和监管，规范监理工作，提升监理履职能力和监理服务质量，为监理合理取费奠定科学基础，进而促进监理行业健康发展。简而言之，企业要以提升核心竞争力为出发点和落脚点，将诚信化经营、信息化管理、智慧化监理、标准化监理履行到实际工作中，提升监理履职能力，夯实高质量发展基础。

"分好蛋糕"就要公平合理、合法合规地处理好利益分配问题。企业家们在分"蛋糕"时，要公平地按劳分配，也要兼顾其他生产要素的贡献。监理行业作为智力密集型、技术密集型的行业，人才在团队中尤为重要。企业家们应重视人才的稳定性，吸引和留住核心人才。为此，企业一方面要构建和谐的人才环境，制定合理的分配制度，保障员工的合法权益，探索员工共创共享方式，充分调动员工创造财富的积极性，努力提高员工的归属感，企业才能迸发永久活力；另一方面，要构建和谐企业文化，建立合理的激励与培训机制，健全工资合理稳定增长机制，帮助中低收入员工通过提高技术水平、知识水平、专业水平和劳动绩效来增加收入。同时充分发挥员工的主体地位，提高员工决策参与度，发扬民主，营造企业与员工双向认可，双向支持，双向融合的氛围。

如何使监理服务取得合理费用，这是大家关注的重要问题之一。介绍一些

情况，新疆建设监理协会今年初发布了《新疆维吾尔自治区建设工程施工监理服务费用计费规则》，得到了新疆维吾尔自治区建设主管部门认可，并写入招投标文件中，该计费规则在乌鲁木齐试行，杜绝了恶性低价中标。大家清楚，监理人员的薪酬有了保障，服务质量才能够有效提升，从而实现更高质量的发展。

在这方面，协会也做了大量工作，如正在制订监理工作标准、监理人员配备标准、监理工器具配备标准、监理资料管理标准。正在试行监理人员职业标准。如果有监理人员计费规则，就能实现监理合理取费。但这需要时间和大家的努力。

行稳致远，方能创百年之企，兴百年之业。女企业家们既要处理好企业和社会之间的关系，履行社会责任，共同维护社会稳定，促进经济社会和谐发展；又要平衡好企业和员工的利益关系，树立企业良好形象，共同推进监理行业健康发展。只有这样，企业才能在市场经济大浪淘沙的环境中勇立潮头，扬帆远航。

各位女企业家们不仅是竞争激烈的市场中劈波斩浪的巾帼勇士，也是美好家庭社会风尚的设计师和建造师。应发挥你们得天独厚的优势，带领企业在祖国经济建设中，在推进共同富裕进程中发挥更优秀的作用。对于监理企业女企业家们来说，既要富而思源，坚定政治立场，以党中央的政策方针为指导，确立长远的目标，提高企业战略格局；又要富而思进、富而思善，树立良好世界观、价值观和道德观，弘扬正能量，在高质量发展中促进社会和谐发展。以高质量发展的新思路、新成果，迎接党的二十大胜利召开！

最后，预祝会议圆满成功！祝各位女企业家们身体健康，青春永驻，事业有成！

监理人的荣耀：周宏伟荣获云南省"五一劳动奖章"

蒋 婷

昆明建设咨询管理有限公司

在 2021 年云南省第二十三届劳动模范和先进个人表彰大会上，监理人周宏伟荣登领奖台，郑重地接过了属于他的那枚奖章。"五一劳动奖章"无疑是对劳动者最高的褒奖，亦是云南监理人最大的荣耀。

周宏伟同志，1979 年 3 月出生，中共党员，西南交通大学本科学历 [昆明理工大学在职工程硕士（工程结构方向）在读]，正高级工程师，具备注册监理、注册造价、注册咨询、一级建造、注册安全等 7 个国家注册执业资格。2002 年开始从事建设工程监理工作，从最初的监理员，到专业监理工程师、项目总监，直至现在担任昆明建设咨询管理有限公司党委委员、纪委书记、董事、副总经理职务，他在建设工程监理行业已经奋斗了整整 20 年。

一、扎根一线，爱岗敬业，屡获嘉奖

"公平、独立、诚信、科学"是工程监理工作的基本原则。当周宏伟同志第一次以监理员的身份站在建设工程项目施工现场的时候，他就深知监理工作责任重大。从那个时候开始，他就暗自下定决心，只要站在这个岗位上，他就一定以"监理人"的责任与担当不负这一份"沉甸甸"的委托。于是，十多来年，他风里来雨里去，始终扎根一线、爱岗敬业、奋发进取、攻坚克难，凭着一腔热血和过人的专业技术能力，不仅担任了十余项国家、省市政重点建设工程项目的总监理工程师或技术负责人，监理的 10 余个建设工程项目还获得了"鲁班奖"、国家优质工程奖、省优工程奖等奖项。其中，云南省思小高速公路沿线建设工程获国家优质工程银奖；昆明市东风路近日公园下穿工程项目获省优二等奖；昆明世纪城建设工程项目获省优一等奖；昆明市呈贡区中庄路 I 标市政道路工程获全国市政工程金杯示范工程称号；云南省博物馆新馆建设项目获"鲁班奖"、香港建筑师协会全年境外建筑大奖；昆明市规划馆项目获"鲁班奖"；在昆明市轨道交通工程 4 号线辅助质量安全项目监督管理及咨询服务（全长 43.396km，AB 包总投资约 450 亿元）中任项目经理，项目质量目标全线争获"鲁班奖"。

在 2020 年疫情突发的情况下，他临危受命，牵头负责了"昆明火神山"昆明市第三人民医院新冠病毒应急病房项目监理任务，以及云南省 25 个国门疾控中心、7 个定点医院和 2 个方舱医院建设项目监理任务。那时，疫情就是命令，时间就是生命。在接受任务的第一时间，他就迅速组织队伍深入疫情抗击第一线，马不停蹄地辗转在各个工程项目现场，不分昼夜，加班加点做好各项监理服务和保障工作。最终，通过 28 个日夜的努力，在各方的共同协作下，圆满完成任务，为云南省抗击疫情贡献了自己的力量。除此之外，他多次代表公司前往云南省江城县的扶贫点开展帮扶工作，还自掏腰包捐款捐物，并主动承担猛烈县牛倮河村片区太阳能路灯安装项目，身体力行地参与云南省的扶贫攻坚工作。

二、钻研技术，培育人才，防控风险

百年大计，教育为本，质量为首，安全第一。自 2013 年开始担任昆明建设咨询管理有限公司副总经理以来，周宏伟同志开始全面主管公司生产管理工作。他知道，个人的成就只是短暂的荣光，集体的荣誉才是长久的辉煌。他知道，人才、创新、拼搏、规范，这是保持企业旺盛生命力的基本保证。因此，在管理上他以制度化、规范化、标准化为原则，在技术上以全员培训普及提高新技术、新工艺为专题试点抓手，确保公司1300余人有序工作，年均300余个在监项目正常运行。他主导建立和完善公司技术管理体系和制度，组织成立10余个专业技术小组，长期有效地开展项目技术支持及专项课题研讨、专业培训。他参与重大项目的图纸会审，制定重点项目跟踪计划并分阶段设定时对项目进行技术质量跟踪检查，系统有效地防范项目管控的质量安全风险。

三、积极参与，主动担当，贡献社会

除了履行好公司工作职责外，周宏伟同志还积极参与省市各级建设行政主管部门、行业协会及社会团体的工作，同时担任国家建筑业建筑安全与机械（专业）专家委员会专家、中国建设监理协会理论委员会委员、云南省发展与改革委员会投资项目评审专家、云南省装配式建筑产业专家、云南省建设安全专家委员会专家、云南省建筑业企业资质评审专家、云南省城乡抗震防灾规划技术审查专家委员会专家、云南省建设工程招标投标行业协会专家委员会专家、云南省工信和信息化厅正高职称评审委员、云南省建设厅建筑系列正高职称评审专家等。他还担任云南省产业发展研

究会副会长，参与云南省部分产业政策研究和政策草拟；参与住房和城乡建设部质安司"城市轨道交通工程新型建设管理模式质量安全责任体系研究"课题调研及起草，中国建设监理协会理论研究委员会"中国建设监理协会会员信用评估标准"编写，"云南省开展全过程工程咨询服务研究"课题起草，省住房和城乡建设厅众多政策和标准、办法的起草，省抗震防灾规则技术审查，昆明市深基坑设计方案评审，云南省和昆明市危大工程施工方案评审等工作。并担任省住房和城乡建设厅监理上岗业务培训授课讲师；作为省农村住房抗震安居建

设工程技术顾问和云南省农危改造专家，参与政策和标准草拟，并多次深入云南省十几个地州开展现场检查、鉴定评定和技术支持指导工作。

他认真投入地参与每一项任务，并充分发挥自身的专业优势、资源优势，主动承担尽可能多的工作。他为行业和企业的转型升级与健康发展尽己所能、出谋划策，为地方行业相关政策、标准的制定殚精竭虑、建言献策。在十几年的时间里，他用脚步踏遍了云南的山山水水，用自己的行动践行着共产党员一切为了人民的承诺。如今，怀揣着中国梦的他，继续奋斗在前行的路上。

郑三运：巾帼不让须眉，红颜更胜儿郎

张宇蕊　　王林英

武汉市工程建设全过程咨询与监理协会

郑三运，女，湖北武汉人，生于1968年10月，武汉广播电视大学土木工程专业，高级工程师，国家注册监理工程师，现任武汉永泰建设工程监理有限公司总监理工程师。荣获"武汉市工程建设全过程咨询与监理协会优秀总监理工程师、先进工作者""江夏区城乡建设局先进工作者"等称号。

三月八日国际劳动妇女节这一天，武汉市工程建设全过程咨询与监理协会迎来了一位"居里夫人"似的人物，第一次见面，干净利落的职业装彰显着她的豁达与干练，举手投足间透露出自信、洒脱……她所独有的人格魅力让人印象深刻，她就是武汉永泰建设工程监理有限公司总监理工程师：郑三运，一位监理行业的传奇人物。

家族熏陶，走上建筑工程之路

20世纪60年代的农村家庭，郑三运的父亲作为生产队的一员，每天雷打不动的工作就是搭砖、生窑、建房子。郑三运回想道："从我记事起，父亲就把这项工作做得很出色，每每生产队接到建房子的任务，总是由父亲带队完成。十里八乡的村民都很尊敬他，对此我感到很自豪，也正因此让我从小便对建筑事业心生向往。"

在父亲的耳濡目染下，郑三运虽身为女子，却毫不退却、毫不畏难，对传统的建筑工艺流程产生了浓厚的兴趣，发自内心地觉得成为一名"建设者"是无上的荣光。安居才能乐业。少年的她便立志要在这个行业干出一番自己的成绩，为城市建设添砖加瓦，为人民群众造安乐窝。身为女子，志似儿郎，正是这种决心与意志，让我们看到行业中一道别样的风采。

义无反顾选择了土木工程专业的郑三运在大学毕业后，凭着自己扎实的理论知识和丰富的"现场经验"进入了在当时江夏区屈指可数的施工企业，从现场施工到资料、技术、预算等专业工作，她用7年的时间来打磨自己，成了名副其实的工程师。郑三运的坚持不仅仅是对建筑行业的热爱，更是巾帼不让须眉的魄力。宝剑锋从磨砺出，梅花香自苦寒来，命运向来眷顾时刻准备着的人。

直面挑战不畏难，乘风破浪勇登顶

伴随着建设监理的全面推行，郑三运意识到这是自我提升的一个好机会，不管是工作能力还是知识领域，都要具备更高的能力。直面挑战、勇攀高峰的郑三运在2000年正式加入了武汉永泰建设工程监理有限公司。

不积跬步，无以至千里。新的开端，从零开始，一步一个脚印，不畏艰难曲折。积极主动的工作态度、豪气爽朗的性格、果断勇敢的魄力，让郑三运凭借自身的过硬实力赢得了众多建设单位的信任、行业同仁的认可、周围同事的信服，成功树立起武汉永泰建设工程监理有限公司在江夏区的新形象。从处理现场突发的"疑难杂症"到错综复杂的"信息管理"，郑三运始终做到直面挑战，攻坚克难。

2004年，她取得了国家注册监理工程师，更加全面地参与项目管理。2009年，成为永泰监理工程部部长，在担任具体项目管理的同时，兼顾全公司检查工作的技术性指导。2011年，凭借专业的技术能力和丰富的现场经验，再次受命，成为技术负责人，组织贯彻实施国家、省、市、行业颁布的有关质量管理方面的法律、法规和相关政策规定，掌握工程技术发展信息、监理人员的技术培训工作；组织公司的技术交流、专题研讨会等。2016年，由于成绩突出，在公司的信任与认可下，成为公司的副总经理参与企业管理。

这一路的心路历程，背后的每一步

都离不开她的付出与努力。2013 年，郑三运作为总监承监的江夏区一座 27 层综合楼项目，地下室工程根据设计施工图纸要求，地下室开挖采取的是人工挖孔桩工艺施工，开挖深度 8~10m，属于超危大工程，虽然现场已经开展了质量论证和安全论证工作并顺利通过，但危险系数仍然极高。身为总监的郑三运坚持每天对现场进行旁站、安全检查，强调安全及易发事故的防范，采取有针对性的处置办法，认真落实各项方案措施，有效避免了施工人员缺氧、高空坠物、边坡垮塌、工人自身操作不当等安全隐患。在总监一丝不苟的工作态度和专业的工作能力下，工程最终在零安全事故中一致通过验收，并获得建设单位的认可与表扬。

2015 年，江夏区乡镇小学门前道路改造工程，该项目不仅是江夏区一个重点项目，也是一个民生工程，建设单位与公司的重视程度不言而喻。项目长度 2km，道路破损约 1km，道路宽 5~7m，是小学和人民群众进出的唯一通道，由于项目的特殊性，现场禁止封闭施工，身为项目总监的郑三运不仅要做好"三控三管一协调"及安全法定职责，学生和居民的安全更是一刻不能松懈。项目地处水库中间，11 月的天气阴冷潮湿，现场道路破损严重，淤泥难以清除，道路改造搭建的围挡也大大增添了出行的难度。不论是淤泥的清除运输问题，还是与居民协商施工占道、出行等问题，都是现场总监所需要面临的严峻考验。

雨鞋、工装、安全帽，就是当时郑三运的全部装备。针对淤泥难清除，挖掘运输中反复粘连的问题，郑三运始终坚持在现场督促，挖掘机在开挖过程中，

通过反刮方式清除淤泥，在确保没有淤泥残存后再进行运输，有效防止运输途中淤泥残存的情况。面对居民出行问题难等问题，郑三运始终做到"动之以情，晓之以理"，最大程度降低对周围居民的影响。寒风凛冽的冬季，郑三运始终做到深入现场，对细节把控，奔波在现场的最前沿，在寒风的侵袭下，喉咙早已嘶哑，却始终坚守一线。郑三运的辛勤付出，全身心投入同样深深地影响着周围的每一个人。建设单位也被郑三运身为一位女性从业者，却毫不逊色的巾帼风采所折服。郑三运荣获江夏区城乡建设局的"先进工作者"称号。

郑三运身体力行地阐述着"直面挑战不畏难，乘风破浪勇登顶"的精神。她的经历告诉我们，成功不在于性别，在于自身，她的勇于探索、敢于实践让我们看到了行业中别样的风采。

传承接力，不忘初心

2018 年，在结合自身实际情况后，郑三运主动向公司领导提出从领导岗位退下来，退居幕后，将机会交给有能力的年轻一代接续前行。多年的从业经历，以及对建筑行业热爱与初心，退下来的郑三运依旧停不下来，选择在总监的岗位上发挥余热，继续为公司的发展助力，对接班的年轻员工"扶上马，送一程"，对公司发展"新力量"传承接力。她热心指导公司现任管理团队做人员的培训、季度检查的评审、监理检查目录编写，虽退居幕后，仍不忘初心。

从业数十载，郑三运能深刻感受到肩上的担子越来越重，责任就会越来越大。身为项目部的管理者，向下要明辨

是非，办事公道，加强团队建设，凝心聚力，及时沟通，形成团队合力。专业技术上认真抓好专业技术理论知识学习和培训工作，实现团队专业化、规范化。向上要坚持自我学习，扩大视野，不断自我提升，才能在复杂的局面下，做到胸有成竹，不卑不亢。一花独放不是春，百花齐放春满园。只有营造长期稳定的团队氛围才能打造欣欣向荣的监理项目部。在郑三运的带领下，金口新城市政道路项目监理部连续三年被公司评为优秀监理部。

抗疫战场，巾帼担当

2019 年 12 月底，突如其来的新冠疫情，来势汹汹，为了有效及时控制疫情扩大，阻断疫情传播，对疑似病例患者做出有效控制，方舱医院的修建迫在眉睫。武汉永泰监理公司是江夏区唯一的一家国有监理企业，始终战斗在抗疫第一线。积极响应区委、区政府号召，作为公司的一员，郑三运毫不犹豫，主动投身参加到防疫、抗疫工程建设中。

2020 年的二三月间，黑云压城，正是抗疫形势最严峻的时候，郑三运带队投入江夏区普安山方舱医院的项目建设，在武汉全面戒严封城的情况下，又正逢春节假期，面临的困难重重：人员缺、工期紧、物资少、交通困难。在项目建设中，任何质量安全问题都可能影响最后的项目交付与使用。郑三运发挥工作能力优势，主动组织协调相关单位工作人员共同奋斗，全方位投入，动用各个渠道，调动有效物资，对工程质量细致检查，排除安全隐患；对工程量的审核，严谨细致；对病床呼叫系统灵敏度、电气设备、开关插座反复试验，确

保交付使用满足合格率；给水系统及空调系统做详细检查与验收，确保该项目的各项使用功能质量和安全，有效确保方舱医院的建设最快速度投入使用。"危险吗？""一旦投入到工作中，就顾不得那么多了。"郑三运答道。每一位建设者都在用自己的力量，在病毒阻击战中为前线的医务人员保驾护航。

2021 年 8 月，面临第二轮疫情的出现，郑三运再次积极投入抗疫工作之中。临危受命，服从公司安排，积极配合区住房城乡建设局管理部门工作人员，对江夏区大桥新区多个大型建设项目工地的民工、建设人员进行健康绿码和行程码及其他相关资料的检查、排查工作，再次有效地控制了疫情的扩散。

抗疫战场，巾帼担当。疫情面前，正是这无数逆行者，用实际行动来彰显尽责、奉献、有担当的风范，护春暖花开。

无私无畏，履行使命。从业至今，郑三运践行着自己的初心，贡献着自己的力量。"巾帼不让须眉，红颜更胜儿郎"，青春之花也将永不凋谢，不负青春，不负韶华。

美满家庭，事业成功中的基石

"黝黑"的皮肤上有着精致的妆容，"这是女儿为我今天接受采访特意装扮的"，郑三运脸上的笑容无比靓丽，能看出她为有这样的一个女儿无比自豪。在她心目中，她的女儿贴心、善解人意……因为丈夫和郑三运都是工程人，所以对孩子的陪伴很少，这是她对女儿有所亏欠的地方，犹记得女儿在上小学时，每天放学回家都是在楼下的面馆、包子铺这些地方坐着写作业等爸爸妈妈回家。郑三运无奈地笑道："女儿放学都是回别人的家。"但女儿却很能理解他们，从未说过任何埋怨他们的话。工作之余，郑三运的个人爱好也很广泛，她喜欢通读历史，喜欢和丈夫一起练毛笔字，和女儿一起去游泳等，郑三运的业余生活亦多姿多彩。正因为有这样一个和睦的家庭，让郑三运在工作中能摒弃杂念，全身心地投入工作，让她在工作中奋发争先，光彩夺目。

深基坑钢筋混凝土内支撑工程监理工作

张 颖

九江市建设监理有限公司

基坑钢筋混凝土内支撑的结构组成：900mm 直径钢筋混凝土钻孔灌注桩，桩长根据地质地形条件进行设置，埋深长度（18.5~20.5m），桩顶由冠梁与内支撑梁形成主体空间结构。支护桩外侧采用止水帷幕桩，根据土类性质来确定其工艺，如淤泥质土层可采用搅拌桩，砂卵石土层可采用高压旋喷桩，本项目为砂卵层土，采用的后一种施工工艺。内支撑梁中间节点处设置型钢格构柱，格构柱下端为 800mm 直径的钢筋混凝土钻孔灌注桩，桩长为 30m。格构柱采用 4mm×160mm×16mm 的角钢，缀板采用 440mm×300mm×12mm 钢板，其间距 700mm。

一、监理的管理措施

1. 方案审查：首先，审查施工单位的管理措施，施工单位的管理技术人员的经验及水平是否满足工程要求，"人、机、料、环、法"中人是主要因素。其次，审查工艺措施以及安全措施等，并提出监理的审查意见，要求按时限完善。完善后的方案要求施工单位组织专家论证，并按论证后方案组织施工。监

理根据施工进展进行分段验收以及组织验收。

2. 根据审批后的施工方案来编制"嵌套"监理实施细则，制定监理工作流程、验收流程、工艺检查等控制措施，防止发生质量通病造成工程安全隐患。

3. 施工过程中的管理与验收：在开钻钻孔前先在电脑上将电子版的图纸转换为大地坐标，采用极坐标进行逐个桩放线定位。做好基准控制点的保护及准确性，桩底标高由桩顶护筒标高来控制，复核放线成果，准确无误后，开始施钻。

4. 勘察和调查施工现场，对工程地质有所了解，并做出旁站监理计划交业主、施工单位和当地质量监督机构，以便检查、配合和督促。

5. 组织图纸会审参与设计交底，按规范要求规定工程质量的检验方法和检查数量。

6. 组织五方责任主体及工程质量监督部门验收钻孔桩成孔，组织设计、施工、建设单位，以及质监部门进行支撑梁钢筋隐蔽验收。基坑土方挖至设计标高后，组织五方责任主体及质监、安监

部门进行基坑支护结构验收，并形成验收记录。将基坑支护资料按要求单独建立档案。

7. 在基坑支护排桩施工前告知建设单位招聘有地质勘察资质单位进行基坑变形监测，并签订监测合同，同时要求监测单位编制监测方案，经监理机构审批后实施。

8. 基桩施工顺序：支护排桩、止水帷幕桩、工程桩、格构柱立柱桩。在施工前应考虑工程桩施工监测，在地下室做静载检测是无法进行的，因此建议设计改为在地面进行静载检测，静载监测应考虑增加的土层厚度的摩阻力。

9. 安全文明施工管理的监理措施

1）基坑周边场地硬化，做好场内排水，规划好钢筋加工区、材料临时堆放区等。

2）场内主干道硬化建议施工单位采用钢筋混凝土，防止施工重车将道路碾压破损导致路基下陷，车辆带泥土造成扬尘。出场的车辆经过冲洗平台冲洗干净，渣土车进行覆盖，土方作业开启雾炮机。在渣土外运和桩基施工过程中能够保障抑尘达到标准。

二、桩基施工质量监理的控制措施

1. 本工程采用的旋挖机桩钻孔灌注桩，根据地质勘察报告显示5~7m的泥卵层和部分砂卵层土，考虑到冲击钻孔桩工期长，施工用电量受限，场地窄小等原因，选用旋挖机施工。旋挖机施工保证了工程质量，按时完成了工程量。旋挖钻施工时，应保证机械稳定、安全作业，在工地现场西北部施工末进场前由于被人为偷挖砂石，而回填黏性土，造成机械作业不稳定，建议采用场地换填和铺设钢板保证其安全行走。在每根桩施工时，应先安装护筒，护筒的长度不小于1.5m，但还应根据现场情况而定，支护排桩为3~4m，格构柱立柱桩为6~7m，穿过卵石层，防止卵石层坍孔和泥浆渗漏。成孔前和每次提出钻头时，要求检查钻头和钻杆连接销子、钻斗门连接销子以及钢丝绳的状况，并应清除钻斗上的渣土。旋挖机成孔应采用跳挖方式，钻斗倒出的土距桩孔口最小距离应大于6m，并应及时清除。应根据钻进速度同步补充泥浆，保持所需要的泥浆面高度不变。钻孔达到设计深度时，要求采用清孔钻头进行清孔：

1）施工期间护筒内的泥浆面应高出地下水位1.0m以上。

2）在清孔过程中，应不断置换泥浆，直到灌注水下混凝土。

3）灌注混凝土前，孔底500mm以内的泥浆相对密度应小于1.25；含砂率控制大于8%；黏度控制在不大于28s；废弃的浆、渣及时外运到指定地点，不得污染环境。

4）钻孔达到设计深度，灌注混凝土之前，孔底沉渣厚度指标需符合要求，对支护排桩控制在不大于100mm，对

于格构柱立柱桩控制在不大于50mm。

2. 水下灌注混凝土质量监理控制措施

当孔清理符合要求后就进行下一步钢筋笼吊装，钢筋笼接头采用套筒连接，吊装好后测定钢筋笼的顶标高，再进行安置导管或气泵管二次清孔，并进行沉渣厚度等检验，合格后应立即灌注混凝土。

1）水下灌注混凝土必须具备良好的和易性，应严格按设计配合比配制。进场进行坍落度检测，控制在180~220mm，不符合要求的退回搅拌站。

2）水下灌注混凝土的含砂率控制在40%~50%，选用中粗砂。粗骨料粒径控制在不大于40mm为宜。

3）灌注前的导管检查工作。导管壁厚，尤其是在使用过程敲打局部变形处容易产生过度摩擦，使管壁穿孔导致灌注混凝土失败。因此管壁厚度不宜小于3mm，直径为200~250mm；管径大的在排桩时使用，管径小的在格构柱立柱桩时使用。导管使用前进行拼装、试压，试水压力一般为0.6~1.0MPa。每次灌注完后及时清洗。

4）水下灌注混凝土的质量控制措施。开始灌注混凝土时，导管底部至孔底的距离控制在300~500mm；应有足够的混凝土储备量，导管一次埋深控制在不小于0.8m；导管埋入混凝土深度控制在2~6m。严禁将导管提出混凝土灌注面，并控制提拔导管速度，设专人测量导管埋深及管内混凝土的高差，填写水下混凝土灌注记录。水下灌注混凝土必须连续灌注，每根桩的灌注时间应按初盘混凝土的初凝时间控制，同时预判搅拌站的供应情况，保证灌注质量。控制最后一次灌注量，超灌高度控制在0.8~1.0m，凿除泛浆。排桩凿除到冠梁

底标高，格构柱立柱桩在格构柱内的混凝土难以凿除，但对格构柱的稳定有利。

5）支护排桩施工过程中通过以上控制措施，在桩完成后进行了抽查20%的低应变检测，均为一类桩。基坑开挖后底板以上露出来的桩身外观质量良好。

3. 高压旋喷止水帷幕桩的质量控制

1）高压旋喷止水帷幕桩为三管法施工方法，在施工前根据以往工程经验以及试验确定其方案，并在施工中严格加以控制。

2）高压旋喷止水帷幕桩采用的水泥为32.5级普通硅酸盐水泥。水泥浆液的水灰比要求为0.8，在水泥浆液搅拌时进行浆液比重的检测，其结果在0.8~1.0之间。规范规定应在0.8~1.5范围内，常用值为1.0。

3）高压喷射注浆时施工工艺控制的流程为机具就位，贯入喷射管，喷射注浆，拔管和冲洗等。

4）当喷射注浆管贯入土中，喷嘴达到设计标高时，即可开启喷射水管喷射，其压力达到30~50MPa，再开启喷射气管，然后开启喷射浆液管喷浆，在喷射注浆管参数达到规定值后，随即开始旋喷的工艺施工。提升喷射管，由下而上喷射注浆。喷射管分段提升的搭接长度不得小于100mm。

5）通过在以上过程中的控制，在基坑开挖后止水帷幕效果良好，未发现有明显的水渗漏。

三、格构立柱以及内支撑的质量控制

1. 考察钢结构生产加工厂家，对格构柱加工进行质量控制，包括材质、型号、截面尺寸、长度、缀板尺寸及间距

等。进场进行逐个构件验收，符合要求才能使用。格构柱与桩钢筋笼纵向主筋有效间断焊接。

2. 本项目工程立柱桩为 800mm，纵向钢筋直径 18mm，加劲箍筋直径 16mm，螺旋箍筋直径 8mm，格构柱外径为 460mm×4600mm，对角直径为 650.5mm，800−100−2×18−2×16−2×8=616（mm），小于 650.0mm，因此格构柱插入桩钢筋笼尺寸过大。监理部建议将格构柱先焊接到钢筋笼，4 根纵向钢筋焊到格构柱 4 个角上，然后再套加劲箍筋及螺旋箍筋，此段箍筋应在格构柱与钢筋笼焊接前套进预留在下部。安装时钢筋焊接在格构柱上，吊在地面上控制其格构柱标高和转向偏差。灌注桩混凝土完成后格构柱周围采用碎石填充密实，以免后续挖土方碰撞格构柱，及泥土在格构柱内难以清理。

3. 内支撑的施工偏差控制：支撑标高偏差控制在 30mm 以内，支撑水平位置偏差也控制在 30mm 以内，格构柱平面位置偏差控制在 50mm 以内，垂直度偏差控制在 1/150。

支撑结构梁以及冠梁按《混凝土结构工程施工质量验收规范》GB 50204—2015 规定留置混凝土试块以及施工缝等，钢筋按其规范要求检测以及验收。

4. 支撑梁底垫层上建议采用油毡铺设与土层隔离，在挖土方时能有效地防止石块黏贴在梁底，一是安全掉落不伤人，二是增加了支撑梁的重量；设置有效的隔离措施，在施工时保证施工安全，降低挖土方难度。

5. 换撑回填土：由于施工场地受限不能放坡，因此有一半以上基坑周边不能行车，回填土无法到达，因此建议该部位采用泡沫混凝土回填，泡沫混凝土填至负二层顶板位置，再采用混凝土换撑，不仅有效地保证了工程质量和安全，同时也保证了工期。如采用土方回填难以夯实，车辆进不去，采用人工回填造价也不低，工期还很长，且影响环境。

四、内支撑处采用切割拆除

1. 切割流程：支撑底部马镫→清理作业面→划定切割线→水电接到位→切割设备的固定→电动链锯切割支撑→混凝土块短驳→混凝土块吊装上车→混凝土块外运消纳→垃圾清理外运→交付施工场地。开始下步施工。

2. 切割设备配备：电动金刚链绳锯、叉车、吊车、挂斗汽车，其中塔吊做辅助。

3. 切割拆除方法：在内支撑梁上画好切割线，预估混凝土块的重量，应控制在 2t 以内。先在梁面上两个角凿出钢筋，然后将金刚链锯绳穿过钢筋下部开始施锯，将梁锯成斜八字口，再将叉车托住，用氧割割吊上面两个角上的钢筋，叉车向上托起，运到吊车起吊地。在立柱节点处由于切割后形成不规则块状，吊装时钢丝绳难以捆绑住，混凝土块易滑落造成安全事故，经建议采用先钻孔，再切割，将吊车钢丝绳穿入孔洞进行捆绑，保证了吊装安全。

五、基坑监测

基坑变形监测是基坑施工中不可缺少的工作内容，也是掌握基坑支护结构稳定性的十分必要的手段，因此作为监理工程师应第一时间关注基坑结构的变形情况。对监测单位的监测结果进行复核，履行监理职责。

本工程的基坑设计安全等级为一级。基坑周边布点共 33 个观测点，其中布置 7 个测斜孔、7 个水位观测孔、8 个半深层桩顶水平位移、16 个坡顶水平位移、7 个基准点等。在基坑开挖时每天早上观测一次，并将观测结果发到项目管理微信群。观测持续到负二层地下室换撑才终止。要求监测单位每周出具监测报告。据观测结果，基坑支护结构稳定，变形量很小，控制达标。

结语

监理的施工安全责任越来越大，对于每个监理人来说生产安全如履薄冰，尤其是重大危险源基坑支护结构，一旦出事故就是造成群死群伤的大事故。对基坑钢筋混凝土内支撑结构实施监理质量控制和协调并采取技术措施，有效地保证了工程施工安全顺利完成，工期也得到了保证，建设单位投资有效而成功，施工单位也创造了经济效益和社会效益。

参考文献

[1] 建设工程监理规范：GB/T 50319—2013 [S]. 北京：中国建筑工业出版社，2014.

[2] 建筑桩基技术规范：JGJ 94—2008 [S]. 北京：中国建筑工业出版社，2008.

[3] 建筑基坑支护技术规程：JGJ 120—2012 [S]. 北京：中国建筑工业出版社，2012.

[4] 混凝土结构工程施工质量验收规范：GB 50204—2015 [S]. 北京：中国建筑工业出版社，2015.

[5] 建筑地基处理技术规范：JGJ 79—2012 [S]. 北京：中国建筑工业出版社，2012.

[6] 钢结构工程施工质量验收标准：GB 50205—2020 [S]. 北京：中国计划出版社，2020.

[7] 建筑变形测量规范：JGJ 8—2016 [S]. 北京：中国建筑工业出版社，2016.

[8] 工程测量规范：GB 50026—2020 [S]. 北京：中国计划出版社，2021.

[9] 建筑物、构筑物拆除规程：DGJ 08—70—2013 [S].

[10] 建筑拆除工程安全技术规范：JGJ 147—2016 [S]. 北京：中国建筑工业出版社，2017.

"互联网+"智能软件平台
在抽水蓄能电站工程中安全管理的应用

张 贺

中国水利水电建设工程咨询北京有限公司

摘　要： 浙江衢江抽水蓄能电站工程通过利用互联网技术和智能软件平台，在工程管理中搭建智能平台，让监理从业人员能够进行精准数据分析，及时发现安全管理工作中存在的问题，加强了施工现场安全管控能力，有效提升了安全管理科技化、精细化水平。

关键词： "互联网+"智能软件平台；安全管理；数据分析；应用；成果

引言

在抽水蓄能电站建设中，大量涉及洞挖、上下库环库路等地下工程，较常规水电站建设安全管控难度大、施工环境复杂。为及时、动态、精准地分析不同施工阶段安全管理的薄弱环节，提前预警并精准分析管理难点，有效减少违章作业，全员落实"一岗双责"保证工程施工安全，"互联网+"安全管理的推广与应用就显得愈发迫切和必要。

国家鼓励水电水利工程建设等各行各业树立互联网思维，积极与"互联网+"相结合，其具有广阔的发展前景和无限潜力，已成为不可阻挡的时代潮流。中国水利水电建设工程咨询北京有限公司浙江衢江抽水蓄能电站工程监理部充分利用钉钉办公软件中"简道云"应用平台，在保证功能成熟的同时，安全管理人员无须代码，即可构建出符合需求的业务管理应用，降低各类型在建项目推广应用"互联网+"门槛。根据规范及工程特种属性，制定适用于现场项目工程安全管理的信息记录平台。推广应用"互联网+"安全管理有利于促进互联网应用创新、激发活力，对加快推进安全生产标准化体系建设具有重要意义。

一、建设目的

为实现"互联网+"安全管理利用简道云系统相关基础功能，设计编制适合于抽水蓄能电站建设安全管理的表单式填报系统，实现"一岗双责"全员化、管理台账统计分析自动化、安全旁站记录规范化、班前教育可视化、危大/超危大工程管控精准化，并提高安监现场工作管理水平。

所有岗位监理工作者随时随地按照不同的违章事件和存在的安全隐患类型，标准化记录到监理日志中包括施工现场巡查情况正面描述、发现的事故隐患及处理情况、危大工程检查与验收情况、设施设备验收情况、组织和参加会议情况及相关异常事件的影像资料、管理流程处理信息等，并通过网络同步数据到服务端的系统之中，提高建设、监理和施工单位管理人员现场安监工作的办公效率。

将简道云等类似成熟的互联网数据处理软件普遍应用在建设工程项目管理中。提高实操性，拒绝出现假大空的现象。推进安全生产管理的创新，要在具备操作性和结合自身工程管理水平的前提下进行。有针对性的专项应用平台能有更好地服务安全监督管理工作，而不是为了完成创新而增添工作量，既不能保证工作质量，也不能达到工程管理创新改革的效果。

二、系统功能构架设计

系统的服务对象主要是专职安全监理人员和现场监理工程师。使用智能手机终端和电脑终端接入互联网，根据不同的工作任务需求，分别访问应用（Web）服务和移动应用服务，通过应用服务器和互联网进行数据交换，最终将数据安全地返回给使用人员。使用人员可以通过登录钉钉工作台中的简道云，填写安全监理记录、旁站记录（脚手架、大件吊装等）等相关记录。

通过应用设定，根据工程安全管理需求应用平台进行数据分析采集。网络接收感知终端传输的数据内容，并对数据进行录入、抽取、转换、加载和统计分析，使其更安全、稳定、高效地运行。

浙江衢江抽水蓄能电站监理部应用分五个模块，包括现场监理模块、安全监理模块、试验检测模块、工程测量模块、综合管理模块。其中安全监理模块具备以下功能：

1. 对程序资源的访问进行安全控制，在客户端上，为安全监理工程师提供其权限相关的用户界面，仅出现和其权限相符的菜单、操作按钮，包括安全监理记录（即安全监理日志）、旁站记录（含大件吊装、脚手架等）、衢江站班会报表（即班前教育）、年度危大工程清单、防汛值班记录及统计、安全监理工作台账（即数据分析模块）等。

2. 在原有应用网络安全体系中，制定了填报人管理、审批人管理、数据备份发布管理、日志打印管理等一系列操作权限。

3. 设置一名安全监理作为兼职系统管理员，管理员提前设置好流程的节点，负责人和数据流转的路径。一旦数据提交后，就会自动进入流程，按照流程的设定进行流转。流程应用如下：安全监理工程师现场巡视检查→填写检查记录→分管副总监审批→安全监理工程师跟踪整改闭合结果→流程结束并发布数据信息→数据信息自动采集→列入安全监理工作台账并生成分析仪表盘。

4. 在表单中收集得到的数据，可通过仪表盘来进行查看、分析和处理。主要图表类型包括明细表、数据透视表、柱形图、折线图、雷达图、甘特图等。

三、系统功能应用成果

（一）实现落实"一岗双责"全员化管理功能

在设计现场监理管控模块中，在现场监理日志中设置每日必填项目："安全隐患排查治理情况（一岗双责）"。填报内容中明确隐患部位内容、隐患类别等级、治理措施、限期整改监理发文编号、治理期限、施工单位责任人、监理单位跟踪整改闭合人等，并将整改前后影像资料上传。系统自动提升整改状态，便于提醒填写人跟踪整改落实情况。在规范填写监理日志的同时，将多数项目设置为下拉菜单选择项，统一规范日志行文用词；将现场监理在日常现场工作中履职情况无漏项地整体进行描述，操作方便快捷，同时有利于数据分析比对。

浙江衢江抽水蓄能电站监理部在"一岗一清单"中明确各岗位职责，落实"一岗双责"，将安全隐患排查治理列入现场监理日常必备检查项目，形成了人人管安全的态势，确保安全责任体系高效运行。2020年通过现场工程师"一岗双责"落实检查发现安全问题817项，建立"一岗双责"台账，内容包含：问题描述、发生部位、整改负责人、整改期限、整改结果和相关影像资料等。

（二）实现管理台账统计分析自动化功能

通过日常监理日志记录内容，设定重点关注项目，系统自动统计分析并自动形成功能化可视图。根据图形呈现效果，进行有针对性地分析隐患高频发生部位、隐患类别比重、整改闭合情况等，从而实现根据工程发展趋势，制定相应安全管控措施，把握整体工程管理导向，起到提前预警、提早制定措施方案，达到提升安全管理的效果。

（三）实现安全旁站记录规范化管理

随着我国抽水蓄能电站建设工程的迅速发展，国家及各大企业通过不断完善解决安全生产中的突出问题采取了多种措施，工程安全生产工作也取得了明显的成效和积极的改善，各类事故起数和死亡人数持续下降。但通过国内时有发生的重特大事故不难看出，安全管理形势依然严峻。正是在这样的背景下，监理项目部不仅在其中承担着重要的管理任务，同时管理团队也在急速壮大。但是，队伍的壮大带来的是整体安全管理技术水平的下降、管理难度的增加。

浙江衢江抽水蓄能监理部通过运用系统平台，查阅安全管理技术规程规范和行业标准，结合工程实际设计编制定型安全旁站记录。以衢江抽水蓄能电站监理部脚手架旁站记录填报内容为例：

1. 基础信息栏设定：架体功能类别（作业脚手架、支撑脚手架）、脚手架构架方式（扣件落地式、悬挑式、承插型盘扣式等）、作业内容（搭设、拆除）、架体规模及架体结构信息（步距、纵距、横距）。旁站监理人员通过下拉菜单选择的方式规范了架体信息，同时，也对架体整体信息进行核对查验。

2.基本要求确认栏设定：施工方案编制情况、搭拆施工人员资质管理情况、脚手架材质报验情况。通过填写信息内容，在正面描述的同时，体现监理履职情况。

3.人员管理检查栏设定：施工负责人、安全员、搭拆作业人员合计，特种作业人员是否持证，作业人员是否交底。通过填写此栏信息，对整体作业人员管理进行监督检查，对施工单位主体管控情况进行全面排查。

4.架体结构检查栏设定：架体基础、连墙件、杆件间排距、扫地杆、剪刀撑、脚手板。通过信息填写，逐项检查并对架体结构的主要受力杆件进行检查确认，减少漏查情况发生。

5.架体防护检查栏设定：防护栏杆与挡脚板、安全通道、安全网、牌组设置。通过信息填写，逐项检查并对现场防护设置进行整体排查，监督检查现场作业人员安全防护措施到位情况。

6.作业过程情况栏设定：方案执行情况评价、施工工程评价、施工过程照片。通过填报信息，阶段性对现场作业过程进行分析，提升管理效果。

7.作业过程问题及处置栏设定：问题简述、处置意见、处置状态、问题照片、整改完成照片。通过填报信息，完善过程中问题处置流程和管理环节体现。

（四）实现班前教育可视化管理

抽水蓄能电站工程作业面相较常规水电站，地下洞室工程更多、作业点面分散不集中，监理项目部对施工单位班前教育的开展不到位成为较大的监管漏洞。针对此项管理难点，设计班前会填报表格。施工单位通过扫描二维码，填报日期时间、班次、施工班组、受限空间、应到及实到人数、项目部管理人员信息、班前教育记录和现场教育照片、受限空间气体检测记录照片等信息。平台每天自动采集信息形成可视化图标，便于检查和核对现场作业信息，提升整体管理水平。

结语

现代安全生产理论认为，安全管理、安全技术和培训教育是实现安全生产的基本条件。全面应用"互联网+"智能软件平台具有系统性（无死角、全覆盖）、先进性（结合系统工程原理）和持续改进（PDCA）的特点，为抽水蓄能电站工程建设及其他行业安全管理体系提供了安全、可靠的现代化移动安监机制，为安全管理工作推广应用新技术、新装备开拓了全新的思路和方向，创造了新型安全管理模式。

参考文献

[1]《国务院关于积极推进"互联网+"行动的指导意见》(国发〔2015〕40号)。

"一到十"监理工序验收细节文化

郭前刚 连云港徐圩新区规划建设局

吴三国 南京水利科学研究院江苏科兴项目管理有限公司

摘　要：本文结合连云港徐圩港区防波堤工程（该工程获得"鲁班奖""国家优质工程奖""詹天佑奖"）的创优实践，重点论述了监理人"上天、入地、下海"（本工程涉及地下、水上和高空作业）的工序验收措施、方法，以及对项目创优保驾护航的心得体会。

关键词：监理工序验收；细节；监理质量方针

"一到十"监理工序验收细节文化，具体指"一五一十""三心二意""五脏六腑""三教九流""五湖四海""七上八下""十全十美"，是工序验收的计划、执行力，目的、满意度范围；隐蔽工序的验收要点、验收的方式方法、验收成效等。工序验收既是结束，也是开始。监理人每次工序验收的基本要求之一就是找出细节，即关键点，这些关键点或监理管控要点都藏在细节里。监理人要有发现细节问题的能力，解决问题的能力，与同事共同策划的能力。只有把握好细节，安全、质量、进度、投资、效益等才可能得到保证。

一、"一五一十"

"一五一十"是指监理流程详细，内容或措施全面、客观、真实，能适用于工程，指导工程施工。这就要求监理人清楚、详细地拟定工序验收计划，原原本本执行，毫无遗漏地服务。即"说了算，定了干"（拟定计划后公正科学服务到位）。根据建设方的委托合同，监理编写工序、分项、分部、单位、单项工程的验收计划，并审查、审批；监理拟定验收目标；监理验收人员分工；明确各专业、每位监理验收人的责任；验收计划实施保证性措施，包括奖罚措施、整改措施、注意事项等。项目监理人按专业、组、工序、分项、分部、单位、单项，层层向具体执行监理人交底。"一五一十"分量很重，作用也很大，是实现公正科学验收的前提之一，是确保监理质量方针不可缺少的措施，是实现工程质量目标的关键之一。只有平衡参建各方利益，促进公正科学，才会得到参建各方及相关方的支持。

二、"三心二意"

监理人不能犹豫不定，只凭经验验收，更不能随着自己想出的验收标准进行服务，而是要"三心二意"。

1. "三心"

"三心"指信心、细心、耐心。信心，监理人应相信监理团队制定的验收目标、计划、措施等的可行性；相信监理团队有能力、有诚心完成业主委托合同的全部内容，有决心同其他参建单位共同实现业主的建设愿望。细心，监理人每次验收要用心编写验收内容，要留心验收每个细节点，要服务到位。耐心，监理人要有耐心把相似工序一一验收，不厌其烦地耐心解释被验收人提出的问题或疑点。只有"三心"还不够，还需领悟"二意"。

2. "二意"

"二意"指懂得设计创意，让业主满意。监理人要了解设计思想、理念、目的，掌握施工图中的要点、重点、难点，及其他注意事项。监理人还要一心一意投入全部精力，按照施工图设计要求，进行施工过程监理服务，同其他参建单位共同保证工程成品或构配件等符合设计要求，让设计实体产品外观更美、功能更佳，更能合理使用，确保业主满意。

三、"五脏六腑"

"五脏六腑"是工序隐蔽部位使用的材料的统称。如钢筋混凝土的"五脏"，钢筋、水泥、骨料、黄砂、水。"六腑"，改善混凝土性能外加剂，调节混凝土凝结时间外加剂，调节混凝土硬化性能外加剂，改善混凝土耐久性外加剂，混凝土防冻剂、着色剂等改善混凝土其他性能的外加剂。对隐蔽部位使用的材料、预埋件等进行事前、事中、事后管控是保证工程全生命期实体质量的关键，工程隐蔽部位的材料质量是工程质量重要控制点之一。

管控好"五脏六腑"，才有可能保证施工过程质量及工程使用功能，才会大大提高工程的经济效益。

四、"三教九流"

1. "三教"

"三教"指教安全、教技术、教措施。监理部要接受上级在安全、技术、措施等方面的培训；监理部要对内部全员进行全方位、全过程的安全、技术、措施培训；监理部也要对参建的作业工人及相关人员提供培训条件。教是传、帮、带，让相关人员了解与工程有关的建设依据、监理依据、施工依据、检测检验依据等。育是参建团队共同自发创新。监理要将"教"服务到施工一线，保证实现工程建设的安全、质量、进度、经济效益等目标。

2. "九流"

"九流"指监理机构需协调的多方参建单位。即政府职能部门、投资方、代建方、勘察单位、设计单位、监理单位、施工单位、第三方单位、供货单位等。他们为了共同的目标，团结起来，走到一起。如何组织协调各方？首先，监理人组织协调前，不能私自将参建方分为三六九等，参建方没有谁权力最大，谁与谁结盟或偏袒。其次，工程项目参建单位或相关单位各自的工作依据、工作目标、工作方法等不尽相同，但又相互依存、相互联系、相互衔接、相互协调；可以从不同到和，从争而和，异中存和。最后，参建各方要"同流不合污"。"同流"，目标统一，保质、保期安全地完成工程建设任务；"不合污"，工程建设全过程零腐败。

监理人通过组织协调尽可能让"三教九流结亲"，第一负责人要与其他参建单位融合，做到人性化与制度的适度兼容。这种优势互补、强强联合，整合每个参建单位的资源、技能、智慧，能够优化项目结构和调整项目资源，从而更好地促进项目推进。

五、"五湖四海"

"五湖四海"，工序验收面要广、隐蔽部位要深入。监理人每次验收要横向到边，纵向上要到顶、下要到底，平面验收要全覆盖，不留一处死角；每道工序要相连相扣，承上启下，全贯通。监理人要做好工序前检查、工序中管控、工序后验收，且不能"破"监理质量方针，重点做好事前、事中、事后的纵、横向的管控。

1. 监理质量方针是监理人工序验收必须遵守的前置条件。要想保证每道工序验收质量达到设计要求，监理人必须从工序源头抓起。检查参建单位、供货单位、供材单位等的营业资质、营业范围是否符合工程建设招标要求；对参建人的执业资格进行复核，检查是否符合中标合同承诺；对专业施工人员上岗证进行专项检查，是否符合工程专业要求；对劳务工种的数量，劳务工人的身体健康状况、年龄等进行检查，是否符合相关规定；对工程施工使用的仪器设备进行校对，满足工程建设要求；对施工组织设计、施工方案、专项方案等进行仔细审查，评估能否指导工程施工；对工程使用的机械、设备的功能、功力、数量等进行审核，是否能满足工程施工过程的安全、施工质量、施工进度等要求，检查其他开工条件审查、审核、监管等情况。如厂家供应的钢构件半成品、预制构件等，监理人要驻厂管控；商品混凝土前后场都要安排专人进行全过程旁站；开工前，要提出对原材厂家进行考察等一系列事前管控服务。

2. 事中管控也一样重要。如材料厂家更换，材料的数量、材质、批号等变化，监理人都应该按要求进行见证取样送检。管控越少，隐患越多。隐患风险、隐蔽工序、关键节点等验收难点、重点、疑点等必严查。监理人在发现隐患或疑点时，有必要"解剖"该处，整改好，确保其质量后，再"缝合"，但尽量提高一次性验收合格率，因为"解剖"后再"缝合"质量可能难以保证。

3. "事后诸葛亮"也少不了。监理人应把注意力集中于事前、事中阶段取得的项目成果，事后还有可能存在安全、质量等隐患或不足。监理人应组织相关单位和相关人员进行分析、比较、评价找出产生隐患或不足的原因，同其他参与人一起制定处理措施并监督有效实施。如成品保护、混凝养护、后期沉降观测等。

监理人要做好全方位工序查、管、验，做到"万里行"——"五全行服务"：全线行、全方位行、全过程行、全天行、全身心行。行的过程中，监理人的心思不能复杂。

六、"七上八下"

"七上八下"，是指验收前，验收内容监理人心中有数，判定标准明确；什么可过，什么不过，有可能进行反复验收（预验、初验、复验、终验）。监理人不要总想一次验收就把验收服务做得十分完美、毫无欠缺，这虽然是一个好想法，但是它不合乎实际。

监理人验收不能嫌麻烦，找客观原因，减少反复验收次数，要把每次验收都做好。验收依据是验收质量的保证之一，每次验收要准备好该次验收的依据、验收内容，并注明每次验收的要点、重点、难点、疑点等。务实是验收的法宝，监理人要心安理得，每次验收做好"七上八下"多次反复验收的准备，监理人要长"第三只眼睛"，回头检查，进行"跑圈验收"，预防验收遗漏或施工人员违规作业。

监理人在工序查、管、验过程中，一定要注重每次验收中遇到的问题，这些问题没有一个是小事，它们关系到每道工序的质保事宜，管控不当，可能会引起"蝴蝶效应"。重视工序每次验收的每个细节，要让隐患的皮球止于验收当事监理人，确保每次工序验收通过的质量符合相关要求。

七、十全十美

"十全十美"，连云港徐圩港区防波堤工程，获得"鲁班奖""国家优质工程奖""詹天佑奖"。业主和验收专家组肯定了工程外观"十全十美"，工程质量符合施工图设计要求，符合相关法律法规、强制规范、行业规定、地方规定等，试运营期内满足相应使用功能，监理归案资料真实有效、完整。业主对监理单位的咨询服务质量十分满意，监理人员履职到位。业主肯定了监理部有成熟的管理程序、检查程序，组织协调有一套完整、成熟的体系和机制；肯定了监理严格按照监理程序实施，监理服务的过程涉及的方法与措施科学适用。本项目采取了尤为突出的"十项措施""十全方法"。

1.十项措施

1）设置档案室，便于监理人查阅、学习监理依据、监理规划、监理细则、监理作业指导书、专项方案等各类档案资料。

2）设置专家咨询工作室，便于及时处理施工过程中遇到的难点、疑点等。

3）设置接待室，便于组织协调参建人争议点等事宜。

4）设置值班室，便于协作配合处理应急事宜、突发事件。

5）成立项目工作群，便于信息共享、信息公开、信息畅通、联络畅通。

6）设置意见箱或记事本，及时了解参建人的诉求。

7）制定日报制度，确保各类信息上传下达及时、准确。

8）建立验收台账，便于查阅某分部、分项、工序等什么时候验收，验收

监理人和验收结果。

9）制定双人验收制度，确保每次验收质量，避免"弯弯绕"验收。

10）设置手边书架，便于监理人和参建人查阅验收内容、验收依据以及传阅各级、各类来文。

2.十全方法

（1）验收计划全前移；（2）质量意识宣传全覆盖；（3）全员交底全落实；（4）参建人意见全收集；（5）咨询服务全到位；（6）分类梳理全精准；（7）化解矛盾全就地；（8）复杂问题全上报；（9）参建方争议全协调；（10）监理依据全结对。

本项目监理部采取了"四个分清""四个正确"，有效实施"十项措施""十全方法"。"四个分清"：分清工序验收人、分清工序验收时间、分清工序验收内容、分清工序验收空间。"四个正确"：验收依据要正确、验收程序要正确、验收内容要正确、验收结果要正确。

结语

本文浅解了"一到十"监理工序验收细节文化的实践心得体会。工序验收成效离不开细节，成于坚守监理验收依据，守得住底线。这就要求监理人在工序查、管、验前，准备好匹配的工序验收依据，做好"三记"：熟记工序验收监理依据、选记工序验收相关规范标准、略记工序验收超依据要求。希望监理人能真正吃透"一到十"监理工序验收细节文化的内涵精髓，在各类工序验收工作中进行有效实践。

利用三维激光扫描仪在监理服务赋能上的实践分享

龚尚志

中锸华胜工程科技有限公司

摘 要：本文通过三维激光扫描技术在建筑工程监理行业的一些应用探索，概述如何利用高新技术设备及其处理成果解决实体项目质量管理中的重难点问题，为监理自身提供真实、精确的数据支撑，进一步体现监理服务的专业与创新，为业主提供更科学、精细、聚焦的咨询服务。

关键词：激光扫描；面测；点云数据；监理

引言

三维激光扫描技术又被称为实景复制技术，通过高速激光扫描测量，大面积、高分辨率地快速获取物体表面各个点的三维坐标、反射率、颜色等信息，这些大量、密集的点信息可快速复建出1∶1的真彩色三维点云模型。

作为一种已经发展成熟的技术手段，三维激光扫描在各行各业中都有着不错的应用效果。如在工业制造领域对机械/零件的缺陷分析、外观质量检测、设计造型改良等；在建筑行业对古建筑的修复，建筑改造原始留档、变形监测、实体检测与验收等。

与传统测量方式相比，三维激光扫描技术突破了点、线的数据形式，基于点云模型的数据形式更加直观，可追溯性更强，且点云模型可作为基础数据支持深化设计、改造设计等工作。

一、监理人的"404 not found"

在 IT 行业，"404 not found"意味着找不到与 IP 地址链接对应的网页信息，即数据丢失；而在工程咨询行业，作为五方责任主体的监理同样也经常遇到数据自主权缺失的问题。

建筑行业的传统测量方式，一般使用 GPS 或全站仪进行室外面积、体积的计量工作，通过方格网图纸或点数据表格呈现结果，数据维度单一、缺乏空间关联，而作为监理单位，对这些数据的获取方式往往是被告知，被动接受，提高数据的准确性、如何复核等"本职工作"就沦为人云亦云的附和。

在结构质量检测方面，凭借卷尺、测距仪、靠尺等工具获取到的"点、线"数据维度单一，且低效，即使按照验收规范取样选点量测复核，仍然缺少对整个施工作业面的质量把控，在装饰装修阶段各专业交叉作业、互相"扯皮"的时候，作为有组织协调职能的监理人似乎并不能拿出有足够说服力的原始数据一锤定音。

二、三维激光扫描技术应用分享

三维激光扫描仪非接触式扫描方式，能直接获取可视范围内的物体表面数据，受环境限制影响小。通过外业数据采集、内业数据处理这种内外业分离的工作方式，保证了数据的真实性。一方面，在日常工作如基坑变形监测、质量检测验收、工程计量等方面，通过使用扫描仪自主获取第一手数据，提升监理人的底气与信息掌握能力，另一方面基于点云模型进行逆向建模、剖切、漫游等可视化处理，向业主展示直观、精确的现场情况和预演模拟，协助业主精细化管理现场工作。

（一）结构实体实测实量

以某传媒大厦项目为例，使用三维激光扫描仪对项目高大空间结构进行实测实量。扫描有效投影面积为 3563.93m²，裙楼高度为 22.05m，塔楼高度为 11.8m。为保证扫描精度，提高每两站之间的点云重叠率，现场布置 6 个标靶控制点，共扫描 17 站，耗时约 1.5h。

将扫描完成的点云文件导入专业点云处理软件，通过现场布置的标靶点进行拼接、降噪，并基于控制点进行大地坐标系的拟合，最终形成点云模型，点云模型精度控制在 ±2mm 内。基于点云模型成果，既可以与设计模型进行拟合对比整体施工质量情况，也可以对应《混凝土结构工程施工质量验收规范》GB 50204—2015 中混凝土工程检查项，进行净空、间距、柱墙界面尺寸/垂直度、墙板平整度的数据测量。

（二）幕墙龙骨安装定位复核

以某传媒大厦项目为例，项目结构曲面多，幕墙安装施工难度大、精度要求高，现场测量复核成果为数据表格形式，无法直观反映出各部位实际偏差，为此数字化中心采用三维激光扫描技术对待测部位进行复核。

将扫描拼接后的点云模型与 BIM 设计模型拟合，使用专业的点云检测软件，以 BIM 设计模型为基准，对现场龙骨施工质量进行检测复核。该部位 5 根幕墙龙骨共抽检复核点位 12 处，结果均在规范要求的 ±2mm 内。

通过拟合模型直观的色块区域展示与数据标签，业主能轻松、便捷地通过检测结果判断待测部位幕墙龙骨整体安

装质量。

（三）逆向建模应用

逆向建模技术对于改造项目作用较大。传统改造项目（无原始图纸）设计流程为先现场踏勘，再根据踏勘采集的数据生成二维图纸，最后进行改造设计。整个过程周期长，可视化效果差。

相较于传统改造项目的设计方式，逆向建模技术通过外业扫描采集数据，内业拼接点云、逆向生成模型等操作生成逆向 BIM 模型，周期短、精确度高，整个过程可视化效果好。再基于逆向 BIM 模型直接进行可视化设计工作，如机电安装、吊顶高度、照明/消防喷淋等末端布置。还可通过逆向 BIM 模型和设计模型叠加拟合，对改造工程量进行统计估算，辅助设计方案决策，减少变更，为过程审计提供数据支持。

以某办公区为例，扫描投影面积 506.63m²，共扫描 8 站。点云模型拼接完成后，通过逆向工程技术，将点云模型逆向生成 BIM 模型，将模型导入 RTS 智能放样机器人进行空间放样验证逆向 BIM 模型的准确度，放样点误差在 2~3mm 内。

（四）河道、湖泊清淤计量

以某河道治理工程为例，因河道内淤泥深、范围广，较难采用传统测量方式得到准确的工程量。采用三维激光扫描仪，每 100m 河道作为 1 个清淤段，本项目共计清淤扫描 42 次，扫描站数 263 站，点云模型 293G，快速、准确地采集到清淤前后的河道原始数据。

在河道污水排完之后，对该部位进行第一次扫描，形成清淤前点云模型，清淤完成之后进行第二次扫描，形成清淤后点云模型，两个点云模型在同一坐标系下精准拟合，利用后处理软件自动

分析计算两个点云的相差体积，即可得到该清淤段工程量。

较传统测量方式而言，扫描仪在河道清淤工程量核算方面具有节省人力资源（单人操作）、精度高（误差在 1.06% 以内）、数据采集全面等优点，亦得到该项目审计单位和业主的肯定。

（五）古建筑修复

一般情况下古建筑留存的资料为影像资料或较为粗糙的二维图纸，古建筑的轮廓细节甚至整体轮廓都不能确定，给修复或重建工作带来了很大困难。

以某古建筑外立面复原项目为例，针对重要外立面节点共计扫描 43 站，建立点云模型，通过点云模型快速提取外立面数据，局部细节如屋檐、雕花等部位可导出二维图纸。同时点云模型也能作为原始数据存档，供后期修复或重建时参考。

结语

通过 BIM 技术和高新设备在建筑工程项目的具体应用，已达到解决实际问题的目的，同时还能及时获取到第一手现场数据，真正做到"手中有尺、心中有数"。笔者曾在《利用无人机和 BIM 技术在监理服务赋能增效上的实践探索》中提到："它（指无人机）与通信技术、BIM 技术等为监理行业的高科技化、智能化转型提供了动力和契机，但同样需要注意的是无人机（扫描仪）与 BIM 技术一样只是工具，关键点在于使用工具的人——即监理单位自身需要具备创新意识和革新思想，如此才能用好这些工具，真正为监理工作、监理行业赋能，而非流于形式的'两张皮'。"

浅析组合铝合金模板工程监理控制要点

乐苏华

中晟宏宇工程咨询有限公司

摘　要：组合铝合金模板是近年较为流行的一种新型模板技术，是住房和城乡建设部推行的建筑业10项新技术之一。由于组合铝合金模板与普通木模的使用有着诸多不同，其设计—生产—安装—拆除—回收过程有着较多特点，如对组合铝合金模板的各个环节控制不严，会导致施工现场出现质量缺陷。工程监理人员必须了解组合铝合金模板的相关规范，掌握组合铝合金模板使用各阶段的相关要求，并对关键部位、关键工序实施严格验收。

关键词：组合铝合金模板；控制要点

随着中国经济从高速增长转向高质量发展，建筑业中新技术、新工艺、新材料、新设备也在不断涌现。模板工程中也出现了较多的新型模板技术，其中组合铝合金模板为现阶段比较流行的一种新型模板技术，其具有自重轻、强度高、精度高、周转次数多、回收价值高等特点，这些是普通木模无法比拟的优点。铝合金快拆模板系统20世纪60年代起源于美国，在东南亚等国家得到了较多应用，我国在近年也逐渐流行使用。以前大量使用的普通木模，技术含量低，质量难以保证且消耗大量的木材资源。使用组合铝合金模板可以大幅提高混凝土的外观质量，且其循环使用次数非常多，可以达到300次，最后还可以进行回炉再造，因此，组合铝合金模板的使用将会成为一种趋势。

一、组合铝合金模板各阶段监理控制要点

（一）组合铝合金模板概述

组合铝合金模板的规范标准在逐步完善，目前建筑行业已出台了专门针对组合铝合金模板的行业标准《组合铝合金模板工程技术规程》JGJ 386—2016，原来的《建筑施工模板安全技术规范》JGJ 162—2008 和《混凝土结构工程施工质量验收规范》GB 50204—2015 对于组合铝合金模板同样适用。部分省市也已出台了相应规程，其中有山东省出台的《组合铝合金模板工程技术规程》DB37/T 5085—2016 及北京市出台的《模板早拆施工技术规程》DB11/694—2021。组合铝合金模板的使用已较为成熟。

工程开工时，施工单位可以根据现

场的实际情况进行分析，判断本项目是否适合采用组合铝合金模板。如本项目为有大量标准层的高层、超高层建筑，或为现浇钢筋混凝土结构及部分装配式的混凝土结构建筑物，设计变更较少，就非常适合使用组合铝合金模板，可以大幅提高项目主体结构的观感质量。

（二）组合铝合金模板设计阶段监理控制要点

使用组合铝合金模板，事前需要进

行相应的设计工作，先将结构施工图发到组合铝合金模板生产厂家，生产厂家根据设计图纸进行模板设计，包括模板板块的设计、支撑系统的设计、连接系统的设计、加固系统的设计、机电预埋预留的设计及传料口的设计等。由于组合铝合金模板在生产完成后现场进行修改较困难，所以在设计阶段监理方也需要进行严格的审核，确保能满足本项目的施工要求，审核内容主要如下：

1. 组合铝合金模板设计图纸的各构件的截面尺寸、标高、轴线、角度等均符合设计图纸及设计变更的要求。

2. 各项设计变更已考虑进去，不会出现设计院已对结构进行了变更而组合铝合金模板仍然按原设计图进行设计的情况。

3. 审查模板支撑系统，模板支撑系统需要结合施工方法进行计算，其是否能够承受结构的施工荷载；模板支撑系统除了满足《组合铝合金模板工程技术规程》JGJ 386—2016 的要求，还要检查其是否满足当地建设行政管理部门的相关要求，特别是支撑系统是否需要进行横向连接需要结合当地的要求进行检查，以免进场施工后在建设管理部门的检查过程中发现不合格，带来不必要的麻烦。

4. 检查组合铝合金模板的加固体系是否牢固，现场施工是否具有操作性，主要检查设计剪力墙背楞加固和柱加固的数量是否足够，如组合铝合金模板固定不牢，现场施工出现跑模的现象，会对结构的质量造成影响。

5. 检查组合铝合金模板的设计是否考虑了机电预埋、预留的情况，必须在组合铝合金模板上开洞的部位是否已开洞，不需要开洞的是否方便后期机电的预埋、预留施工。

6. 传料口和混凝土输送泵管的孔洞是否预留，如已进行预留，位置是否合理，其尺寸是否能够满足施工要求。

（三）组合铝合金模板生产阶段监理控制要点

组合铝合金模板的生产由生产厂家来完成，生产厂家主要是根据设计图纸来进行生产，对组合铝合金模板生产过程的质量控制主要是采用事前控制的方法，事前需要对生产厂家进行实地考察，考察的内容主要包括以下几方面：

1. 生产能力是否能够满足本项目的要求。主要体现在能否在规定时间内完成生产，及生产设备是否先进，生产出来的成品精度是否能够达到规范要求。如组合铝合金模板的精度达不到要求，会给现场的拼装工作带来较大困难。

2. 质量管理体系是否完善，是否配备有相应的质量管理机构、人员和相应的检测工具设备，并制定有相应的质量控制流程，且对不合格品的处理有相关的流程制度。

3. 组合铝合金模板生产工人均为熟练工种，对于特种工种做到持证上岗，人证相符，普通工人也要有相应的培训记录。

4. 组合铝合金模板生产所用的设备齐全、先进，相应的测量、计量检测设备有相应的定期标定检测报告，且测量精度能够满足生产需求。

5. 生产所用的铝材原材料有检测报告，其承载力、密度、刚度等相关性能满足要求。

6. 如在墙板、顶板标准板中有使用旧模板的情况，需要检查旧模板的尺寸是否能够满足本项目设计的要求，旧模板的质量状况是否良好。

（四）组合铝合金模板试拼装阶段监理控制要点

组合铝合金模板在生产厂家生产完成后，严格禁止运至现场直接进行正式安装使用，需要先在生产厂家或场外进行试拼装，模拟现场施工环境，按照结构图纸先进行试拼装，拼装完成后组织建设、设计、监理、施工等单位进行验收，该环节为组合铝合金模板质量控制的一个关键环节。在试拼装阶段，监理方需要对组合铝合金模板的安装情况进行全数检查，包括对组合铝合金模板材料的厚度及截面进行检查；对支撑系统钢管壁厚及直径进行检查；对各种配件的质量状况进行检查；对梁、板、柱、墙的截面尺寸、标高进行检查；对墙、柱的垂直度进行检查；对加固系统进行检查；对机电预埋、预留进行检查；对墙根、柱根的密封进行检查。对每一个部位都按照结构设计图纸及组合铝合金模板的设计图纸进行仔细检查，发现问题先行解决，将问题消除在源头。

（五）组合铝合金模板进场安装阶段监理控制要点

组合铝合金模板在现场安装阶段，因其已经过了试拼装的验收过程，所以在现场安装出现错误的可能性会大大降低，但组合铝合金模板也属于模板工程，根据《建设工程监理规范》GB/T 50319—2013、《混凝土结构工程施工

质量验收规范》GB 50204—2015、《建筑施工模板安全技术规范》JGJ 162—2008及《组合铝合金模板工程技术规程》DB37/T 5085—2016的相关要求，监理方还是需要进行模板安装分项工程验收，施工单位报验相关资料，监理单位做好相应的记录，监理进行模板验收除了做通常的模板工程检查以外，针对组合铝合金模板的特点还需要重点从如下几方面进行检查：

1. 随着建筑物的增高，主体结构的截面尺寸会产生变化，组合铝合金模板的截面尺寸也需要跟随进行细部调整，该部位为检查的关键重点部位。在组合铝合金模板的设计阶段，监理方已对结构截面尺寸有变化的地方进行了审核，在现场安装阶段，主要检查该部位生产的模板是否已运到现场，且现场施工是否是用的修改后的模板。施工现场有可能会出现施工单位管理人员忙于现场管理，忘记催促生产厂家重新制作需要修改部位的模板，而沿用原模板一直进行施工的现象，所以在结构截面有变化的地方需要重点进行检查，以确保结构能够满足设计要求。

2. 组合铝合金模板的模板系统、附件系统、支撑系统、紧固系统等一整套模板现场是否已全部进行安装到位。现场往往会出现安装难度较大或费时费工的部件施工单位不愿进行安装的情况，施工单位抱有侥幸心理，认为少数部件不安装不影响大局，可以加快施工进度，节约用工；监理方需要严格进行检查，一整套模板全部按照施工方案安装到位，包括各种辅助的加固措施等，确保模板工程质量。

3. 检查上一层混凝土浇筑过程地面的平整度是否良好，特别是墙、柱周边

需安装组合铝合金模板的部位，由于组合铝合金模板的尺寸是固定的，如地面不平整，误差较大，将导致组合铝合金模板安装质量较差或无法安装，由于组合铝合金模板无法现场加工，不像传统木模，可以根据现场实际情况随时进行加长或锯短。

4. 组合铝合金模板支撑系统在混凝土浇筑布料机放置部位需进行加固处理，布料机本身自重较大，加上混凝土浇筑过程存在冲击荷载，此处支撑系统需进行加固，采取加强、减振措施，以确保组合铝合金模板不会出现坍塌现象，以及楼板不会产生下挠现象。

（六）组合铝合金模板拆除阶段监理控制要点

根据《组合铝合金模板工程技术规程》对组合铝合金模板的拆除需要遵守如下规定：

1. 模板及其支撑系统拆除的时间、顺序及安全措施应严格遵照模板专项施工技术方案。

2. 早拆模板拆模前应按要求填写审批表，并经监理批准后方可拆除。模板拆除后应按要求填写质量验收记录表。模板早拆的设计与施工应符合下列规定：

1）拆除早拆模板时，严禁扰动保留部分的支撑系统。

2）严禁竖向支撑随模板拆除后再进行二次支顶。

3）支撑杆应始终处于承受荷载状态，结构荷载传递的转换应可靠。

4）拆除模板、支撑时的混凝土强度应符合现行国家标准《混凝土结构工程施工质量验收规范》及《组合铝合金模板工程技术规程》第4章的有关规定。

（七）组合铝合金模板回收阶段监理

控制要点

组合铝合金模板在使用完成后，可以进行回收再利用，也可以在类似工程中当成旧模板再次使用，组合铝合金模板的回收一般由施工单位自己完成，这项工作监理方无须进行管理。

二、组合铝合金模板的优缺点分析

通过实际使用组合铝合金模板发现其既存在很多优点，也有一些缺点，具体如下：

（一）组合铝合金模板的优点

1. 重量轻：常用组合铝合金模板自重为 $25kg/m^2$，可人工拼装。

2. 施工效率高：安装灵活，配合早拆模板支撑体系，施工速度比一般模板体系快。

3. 精度高：对比木模板体系，组合铝合金模板体系可根据施工设计工厂深化配板，制作精度高，符合国家提倡的"建筑工业化"的要求。

4. 施工质量高：由其施工的混凝土表面可达到清水效果，混凝土构件外观尺寸及其表面平整度垂直度较好。

5. 应用范围广：适用于多种结构或构件模板的使用，其表面氧化保护层，耐酸、耐腐蚀，适用多种环境。

6. 承载能力高、刚度大：允许均布荷载和可承受混凝土侧压力达 $60kN/m^2$，较木模板、胶合板模板刚度大。

7. 垂直运输方便：组合铝合金模板自重轻，模板的安装、拆除、搬运均为人工进行，不需要垂直运输机械，提高了机械效率。

8. 管理成本低：使用中，组合铝合金模板免除油漆和除锈，弹性好，破损

率低，节约了管理成本。

9. 使用寿命长、成本低：正常使用规范施工下周转次数可达 300 次。

10. 回收价值高、产生垃圾少：回收残值可达 30%，减少建筑垃圾的产生，达到"四节一环保"的要求。

（二）组合铝合金模板的缺点

1. 如采用购买的方式，一次性投资额较大，初次购买时需投入大量资金，每平方米的购买费用高达上千元。

2. 组合铝合金模板通用性较差，一套模板只针对某一特定的项目，在其他结构不一样的项目中可能无法使用。

3. 组合铝合金模板对设计变更的适应性较差。

4. 组合铝合金模板表面吸附性较差，涂刷脱模剂后，表面较光滑，给施工增加难度，表面脱模剂容易污染钢筋。

结语

组合铝合金模板系统对现场施工管理具有其独特的优势，也符合建筑工业化、环保节能的发展趋势要求，但由于建筑施工过程是一个粗放型的建造过程，施工现场各种影响因素较多，施工人员素质参差不齐，组合铝合金模板的设计、使用工艺要求较高，在各阶段需要进行

科学、规范、细致的管理，监理人员作为现场的参建一方，必须了解和掌握以上组合铝合金模板在各阶段的控制要点。把握重点，有针对性地进行管控，确保组合铝合金模板分项工程的质量，从而为每个单位工程质量目标的实现打下良好的基础。

参考文献

[1] 杨石平. 铝合金模板实际应用研究 [J]. 住宅与房地产，2016（30）：274，276.

[2] 刘彬，孟庆峰，王鹏冲. 铝合金模板、塑料模板及普通木模板在建筑工程中应用对比分析. 安徽建筑，2017，24（04）：277-279，314.

太原工人文化宫保留建筑加固改造工程监理工作探究

张志峰　杨　毅

山西省建设监理有限公司

摘　要： 太原工人文化宫是太原市重要的历史文化建筑，也是太原市地标性建筑，60多年来，历经岁月沧桑仍然矗立于太原市中心，已远远超出正常设计使用年限，但限于当时的建设标准和技术条件，目前有不同程度渗漏水现象，砌筑灰缝多空洞，各种管线老化严重，消防设施不合格，在保护性拆除过程中，发现结构破损严重，楼板、墙体、主梁、次梁、构造柱等均开裂严重，基础承重无法达标，顶板厚度最薄处仅为2cm，多处还有大小不等的孔洞，梁、板、墙大面积裂缝、老化，窗间墙受力不均，严重影响结构安全，建筑加固设计方案不得不多次进行调整。

关键词： 太原工人文化宫；保留建筑；主体结构加固改造；监理

太原工人文化宫（又名"南宫"）位于太原市迎泽大街248号，首建于1956年，1958年竣工投入使用，占地面积约5.6hm²，建筑面积15000m²，是目前省城唯一一座保存完好的仿苏式建筑，是太原市重要的公共建筑，也是重要的历史文化建筑，更是太原市地标性建筑。60多年来，历经岁月沧桑仍然矗立于太原市中心，作为省城重大政治、经济、文化活动的重要场所和职工群众文化活动的娱乐场所，承载着几代太原人的历史记忆，是太原人民的精神地标。

目前，太原工人文化宫建筑主体结构已不符合现行公共建筑规范，局部被鉴定为Dsu级危害。各种管线老化严重，消防设施不合格，基础和结构都存在较大安全隐患；现有建筑、功能及周边环境景观均难以展现新时代省会城市形象，难以满足省城人民日益增长的物质文化需求，经太原市总工会及文化宫领导的努力，省市领导决定对保留建筑进行加固改造，并且拆除方案于2020年7月29日通过专家论证，改扩建为1230座的大型甲等剧场，改善迎泽大街整体风貌，提升省会城市公共服务水平，彰显太原作为历史文化名城的底蕴和特色。

一、工程概况

太原工人文化宫保留建筑为砖混内框架结构，由中厅、东西展廊、东西展厅组成，建筑面积8241.13m²，这次结构性加固的原则是：①保留原建筑功能及其空间形态；②对保留建筑的外立面、室内装饰装修面层、装饰纹样等进行原样复原；③增设室内外消火栓系统，防排烟设施，火灾报警系统，消防水炮等消防措施；④内框架结构脱换为框剪结构，主要承重外墙改为剪力墙结构。以保护为原则，以再生为手段，以文化为载体，以效用为目标，在保持主体结构、装饰效果、历史信息不变的前提下，围绕会展服务，市民文化活动等功能提升，实施保护、加固并提升、更新、还原其庄重典雅的历史风貌，改造后的建筑后续使用年限不少于30年。

太原工人文化宫大修改造工程采取EPC工程总承包，这种总承包模式能最大限度发挥工程管理各方优势，调动总承包单位的主观能动性，提高施工效率，实现工程项目管理的各项目标（表1、表2）。

工程总承包采用联合体投标，联合体牵头人是山西二建集团有限公司，联合体成员有同济大学建筑设计研究院（集团）有限公司、山西省建筑设计研究院有限公司。工程监理单位为山西省建设监理有限公司，勘察单位是山西省勘察设计研究院。

二、监理准备

山西省建设监理有限公司通过招标投标承揽了太原工人文化宫大修改造工程施工过程的监理工作，此工程作为太原市向中国共产党成立100周年献礼的重要工程，也是太原市重要的民生工程，山西省建设监理公司董事长、总经理非常重视，各职能部门积极配合，由公司技术负责人担任项目总监，公司在技术上、人员安排上给予大力支持，配备了山西省地方标准《建筑工程施工质量验收规程》DBJ04／T226（3）—2020、《建筑工程施工资料管理规程》DBJ04／T214—2015、《建筑工程施工

资料管理规程》DBJ04／T214（3）—2020、标准图集《混凝土结构加固标准》13G311—1、《房屋建筑抗震加固（一）》11SG619—1、《房屋建筑抗震加固（四）》11SG619—4及各专业验收规范、山西省安全地方标准《建筑工程施工安全资料管理规程》DBJ04／T289—2011，成立了技术力量强、老中青相结合、监理经验丰富的土建、安装、地基处理等各专业齐全的项目监理部，配合业主和总承包单位保证文化宫保留建筑加固改造工程的质量、安全，按期顺利完成。

监理部进驻施工现场后，根据加固工程特点、工程工期紧、质量要求高、施工单位要创优良工程的实际情况，总监理工程师组织专业监理工程师编制了《监理规划》《监理实施细则》，带领各专业监理工程师、监理员、资料员熟悉施工图纸，与业主和设计师沟通、领会设计意图，做好各项准备工作，制定项目部管理制度、工程例会制度、检查验收制度、内部交流学习等各项制度，签订岗位责任书及工程质量终身制承诺书；专业监理工程师编制了各分项工程的监

理实施细则，收集审查施工项目部报审报验的开工资料，审查施工组织设计和施工方案的编审程序和内容、安全技术措施，施工项目部组织机构和质量保证体系。

三、加固工程施工过程监理

（一）铲除保留建筑室内外原有装饰面层、拆除违建隔墙

文化宫保留建筑受限于当时的技术条件和建设标准，又历经60多年，对原结构的保护性拆除是加固工程的难点，拆除进度缓慢，风险较大，原结构有开裂、老化、腐蚀、锈蚀的情况，及时检查记录结构构件的损害程度，并报告给设计人员，得到同意后再继续相关工作。例如在保护性拆除过程中，发现正厅承重墙开裂、破损严重；东西展廊、东西展厅的砌体墙老化，梁、板破损严重；西展厅次梁开裂；东西展厅的楼板铲除地砖后最薄处仅2cm，还可见很多小洞口、裂缝；楼梯间承重墙开裂，受损严重；窗间墙受力不均有裂缝，窗台不在同一水平线上。根据加固工程特点和施工图纸，先由施工技术人员编制可行的实施方案，监理和设计人员确认后再由技术人员对质量管理人员进行技术交底，质量管理人员对施工人员进行安全技术交底。将原结构构件除其自重外进行卸荷，现场运用动态监测、临时支撑等技术保护措施，确保拆除工作的安全和卸荷对结构的冲击没有安全隐患；例如西展厅耳房拆除时，西连廊南侧的拱门之间承重墙体受到撞击产生破坏裂缝，目测墙体产生小的位移和裂缝，存在安全隐患，立即下发了监理通知单，施工项目部联系设计院出具加固方案，局部对

文化宫保留建筑加固改造部位　　　　　　　表1

序号	改造部位	层数	结构形式	基础	始建时间
1	正厅	三层	内框架结构	筏板	1956
2	东西展廊	一层	砖混	条形基础	1956
3	东西展厅（北侧）	二层	内框架结构	墙下条形基础	1958
4	东西展厅（南侧）	二层	内框架结构	墙下条形基础	1968

加固改造内容　　　　　　　表2

序号	改造内容	处理方法	备注
1	基础、柱加固	加大截面	990m²
2	墙体加固	混凝土单板墙，内框架改为剪力墙	10162m²
3	楼板加固	顶板做叠合板	7069m²
		正厅一层、二层、三层底板粘贴碳纤维布	1073m²
4	梁加固	梁包钢	1871m²

破坏的承重墙体采用三道钢管水平对顶方式临时支顶，对破坏的墙体进行静力拆除，消除安全隐患，再进行补砌，恢复原貌。

（二）严把材料进场检验关

加固工程所用的材料也是保证加固工程质量的重要环节。①本工程墙体加固采用内侧增加单板墙，C30喷射混凝土，剪力墙和叠合板为C30细石混凝土。所用的混凝土为太原市玉磊预拌混凝土有限公司和太原市尖草坪区锐成建材有限公司的商品混凝土，均有混凝土出厂质量证明文件和28天试块报告，监理旁站，查验混凝土生产质量登记回执单、强度等级、拟浇筑部位、坍落度，见证施工项目部现场做试块、植入芯片并上传到太原市质监站网站；②钢筋规格HRB400E6、HRB400E8、HRB400E10、HRB400E12、HRB400E14、HRB400E16、HRB400E20、HRB400E25，钢材生产厂家为山西美锦钢铁有限公司，混凝土试块和钢筋分别送山西建工建筑工程检测有限公司（30%）和山西博奥检测股份有限公司（70%）的实验室复检，复检报告均合格；③植筋胶用的是淮北市金锚合成材料有限公司生产的A类I级建筑植筋胶；④构件裂缝修补和粘钢材料用的是南京天力信科技有限公司生产的TLS-402F裂缝修补胶、TLS-403封口胶和TLS-401粘钢胶，复检试验项目为抗拉强度、伸长率、外粘钢板正拉黏结强度；⑤梁包钢用的是唐山市瑞泰隆有限公司的角钢50mm×50mm、75mm×75mm；⑥山西太钢不锈钢股份有限公司生产扁钢120×6/350、箍板60×4；⑦碳纤维布是天津卡本科技有限公司生产的CFS-II300型I级300g碳

纤维布，进场后见证取样复检，复检试验项目是拉伸弹性模量、拉伸强度、伸长率；⑧浸渍胶是天津卡本科技有限公司生产的CFSR-A/B型浸渍胶。上述材料进场，专业监理工程师及时查验合格证和型式检验报告后，按规定及时见证取样送山西博奥实验室复验，检测结果均符合设计和规范要求。

（三）加固施工过程节点细部技术处理及监理控制要点

1. 混凝土缺陷修复

对混凝土缺陷部位进行修复，首先凿除梁表面的粉尘至混凝土基层，清除粉尘、浮尘，打磨至坚实基层，将缺陷部位清理至坚实基层，经洒水充分浸润后用修补砂浆修复，缺陷部位体积大的用灌浆料浇筑进行修复；漏筋、钢筋锈蚀的先清除钢筋周边破损混凝土，对钢筋进行除锈和清洁处理，再用修补砂浆修复，锈蚀严重或大面积露筋，联系设计后再处理。

2. 混凝土裂缝处理

根据裂缝的宽度及长度走向进行处理，裂缝宽度不小于0.2mm时，先清理干净裂缝处，用环氧树脂浆液灌注封缝，保证灌胶密实；裂缝宽度小于0.2mm时，采用表面封闭法处理。

3. 砌体墙体裂缝处理

先铲除砌体墙裂缝部位及灌浆部位两侧抹灰层，灌浆嘴设置在裂缝起点，标定好灌浆嘴位置后钻孔，孔径为灌浆嘴外径加1mm，孔深30~40mm，用压缩空气吹净孔中灰尘、粉尘，再用压力水冲洗干净，充分浸润，用压力灌注灌胶料修复；灌浆做到浆液饱满无漏灌，浆体密实无气泡，粘接牢固。

4. 植筋

本工程加固部位为承重部位，植筋

钻孔不得损伤原结构钢筋，钢筋的规格、锚固深度、间距、植筋孔位、孔径必须符合设计要求；用吹风机与刷子清理孔道至孔内壁无浮尘水渍，植筋前钢筋除锈，除锈长度大于植筋长度，钢筋顺直，植筋胶均匀附着在钢筋表面及螺纹缝隙中，待植筋胶养护期后才可进行焊接和绑扎工作。对植筋后锚固承载力进行现场抽样检测108个部位，检测结果轴向受拉非破损承载力满足《混凝土结构后锚固技术规程》JGJ 145—2013的要求。

5. 梁粘钢及表面处理

梁包钢对梁截面尺寸影响较小，梁受弯、受剪承载力和安全性可大幅提高，特别是耐久性及抗疲劳能力增强。首先凿除梁表面的粉尘至混凝土基层，对缺陷和裂缝部位进行修复，清除粉尘、浮尘，打磨至坚实基层；粘钢胶严格按照产品说明书配置，每次配胶量不宜过多，灌胶时保证基面清洁无积水；角钢、箍板、扁钢除锈清理干净，加工箍板时，钢筋下端与箍板焊接，焊接采用双面焊，焊缝长度为5d，焊缝高度0.5d，上端穿楼板及扁钢后，螺母拧紧，保证钢板和混凝土基层之间的缝隙合理，钢板与原结构的缝隙用粘钢胶灌注，以粘钢胶刚从钢板边沿挤出为度，使钢板产生复合锚固力，保证固化期间不受干扰，24h后用小锤锤击检查是否空鼓。

根据设计要求，对粘钢表面进行除锈和清洁处理，涂刷两道防锈漆后用25mm厚1∶3水泥砂浆防护。

6. 碳纤维布粘贴加固

碳纤维布粘贴于板底表面，用以补充梁的配筋量不足，达到提高楼板受弯承载力和斜截面受剪承载力的目的。本工程的正厅一层、二层、三层楼底板及楼梯底板采用粘贴纤维布加固，碳纤维

布的存储和使用过程中的安全是控制的重点，严格按照产品说明书的要求采取安全保证措施。

首先凿除梁表面的粉尘至混凝土基层，对混凝土构件缺陷部位进行修复，清除表面的粉尘和油污，打磨至坚实基层，不平整的部位打磨或修复，转角粘贴处打磨成圆弧状倒角，保持基面干燥平整；碳纤维布下料和粘贴期间保持碳纤维布干净整洁，无褶皱，拌胶的配比和操作严格按照产品说明书进行，搅拌充分且均匀，保证碳纤维布粘贴平整、密实无气泡、厚度合适、均匀，受力方向的搭接长度不应小于200mm，浸渍胶在固化期间严防受到干扰；碳纤维布外挂网抹20mm厚1：2水泥砂浆做防护。

（四）加强质量控制

监理主动加强施工过程中的旁站、巡视检查，严格按照图纸、规范标准和专项施工方案把控工程质量，督促施工项目部按照图纸和施工方案施工，及时发现施工中存在的质量问题，采取口头或书面下发监理通知单，组织专题会或监理例会的形式，要求施工项目部按照图纸和规范要求施工、整改，将问题消灭在施工过程中，避免返工造成损失、耽误工期。

（五）验收

太原工人文化宫保留建筑的主体结构加固分部工程，在业主、勘察、设计、监理、施工各参建单位共同努力下完成，分部工程质量控制资料齐全、有效，安全和主要功能抽样检测中，结构实体混凝土强度检验记录完整，混凝土评定合格，结构实体钢筋保护层厚度检验符合规范要求，感观质量检验评定为"好"，在质监站的监督下顺利通过验收，后续将按照设计要求完善屋面和装饰装修等各分部工程。

加固工程验收合格交付使用后，在结构设计使用年限内太原工人文化宫应定期进行检查、维护，出现可见的耐久性缺陷时，应及时处理；使用粘胶或掺有聚合物材料的构件，还应定期检查其工作状态。

大修改造后的太原工人文化宫，必将焕发新的生机，每年可接待职工百万人次，成为山西省乃至全国一流的市民文化广场和会议中心，省城重要的会议、活动中心，也提升了迎泽大街沿线周边建筑整体风貌，提升市民群众来此参加健身、健美活动的体验感，为山西省内政治、文化、艺术、技能培训等活动场所提质。未来也将与迎泽宾馆、迎泽公园、文瀛公园、五一广场连片，在地铁2号线的加持下，这里也将成为太原市民乃至周边城市游玩选择的又一新去处。

结语

做监理工作多年来，监理的工程最多的是新建公共建筑和房屋建筑工程，第一次监理历史建筑、保留建筑的加固改造工程，监理过程中遇到了比想象中难得多的实际问题，由于水平有限，对规范和施工细节描述不到之处，敬请专家指正。期待和监理同行进行交流学习，得到宝贵意见。

房建混凝土浇筑的监理控制措施分析

李 琳

滨州市工程建设监理处

摘　要：目前，人们居住的房屋结构以钢筋混凝土结构为主，这种结构的建筑具有较强的稳定性，建筑成本低，并且使用寿命长，是房建施工中常见的结构类型。为保证房建施工中混凝土浇筑的质量满足现代房建的技术要求，监理人员要切实做好对混凝土浇筑的监理工作，从而保证混凝土的各项技术参数符合工程建筑的需要，进而提高整个房建工程的整体质量。

关键词：房建；混凝土浇筑；监理；控制措施

在建筑工程的施工过程中，监理工作起到了相当重要的作用，可以对建筑工程建设起到一个良好的监督作用。因此，在这个过程当中，需要在建筑工程的每一个环节都做好监理工作，从而保证其整个房建工程的工程质量。在房屋建造过程中，需要对其结构相关的混凝土浇筑实行全面的监理，提高浇筑质量。需利用科学合理的方式来对房屋建造工程当中的混凝土浇筑进行有效的监督。

一、混凝土浇筑前进行检查

在混凝土浇筑之前，需要做好充分的检查工作，从而保证施工人员、机械设备及施工方案的实用性和可操作性。第一，对施工人员资质及专业技术操作能力进行检查。所有的施工人员必须持

证上岗，具有相关的工作经验和专业的技术操作能力，从而为混凝土的浇筑工作提供人员和技术保证；第二，对所需各种机械设备进行全面检查，保证设备的完好且能正常使用，如检查搅拌机各项结构部件是否能正常运行，现场施工环境对搅拌机是否有影响等，采用同样的方法对抽水设备及其他各设备进行一次彻底的检查；第三，对混凝土现场设备及各项施工要求与设计方案进行对比分析，从而保证现场施工条件与组织设计的一致性。对混凝土的浇筑设备、浇筑方法以及后期养护工作方法与组织设计进行核实，确保施工过程中的每个阶段施工要求都能严格按照设计方案进行。此外，施工人员要对施工图纸进行全面了解与熟悉，对施工现场的各个施工系统进行开工前的检查，保证施工过程中的安全。

二、混凝土浇筑工程施工监理

（一）进场材料的监理措施

1.水泥的管理

在水泥材料的现场施工过程当中，通常施工材料需要进行分批、分类的安排和放置，需要按照水泥材料的相关性能进行合理分配和储存。根据水泥材料出厂时的合格证明，确保材料达到施工性能要求。根据水泥的标号和安全性能指标进行综合考量，判断水泥是否符合施工的要求和规范，经过施工性能确认之后，还要对水泥的用量，水泥材料的摆放方式、地点进行考量，考虑到后期储存的多方面控制，购买和使用时都需要确认水泥的安全性能，是否符合施工要求，这样才能够彻底地保证施工材料的安全。在施工的过程中，不能采用未经确认的

或者安全性能不达标的水泥材料进行施工。对不符合规范的水泥应当及时清理，不应掺杂进施工水泥中混合使用。

2. 混凝土的监理

混凝土是房建施工中最重要的材料之一，也是监理单位重点检查材料之一。混凝土由众多的原材料组成，所以各项原材料对混凝土的质量影响很大。在这些原材料进场时，要求监理人员耐心细致地把控好每项原材料的质量，尤其是对水泥、砂子、石子、水、外加剂等材料依据相关规范进行质量合格认定，对检测有问题的材料严禁进场使用，并要求相关责任的个人和单位进行整改和处理，确保混凝土浇筑工作中材料的可靠性。另外要对各项原材料的存放、运输、搅拌等工作进行科学监理，确保混凝土各项原材料质量满足施工技术要求和标准。通过对混凝土的混合配比测验，从而得出混凝土精确的配比率，保证混凝土的强度符合工程需要。

（二）施工现场注意重点

混凝土的耐久性、强度等是混凝土的最重要质量指标。影响混凝土质量因素有很多，如原材料质量、配比率、搅拌次数、振捣频率等。在混凝土浇筑过程中，监理工程师有必要加强旁站监理，严格监督检查施工单位在混凝土浇筑过程中相关技术标准及浇筑质量，尤其是混凝土坍落度。同时防止其他杂物进入已搅拌好的混凝土中，严禁往混凝土中加水，对不合格混凝土要做退场处理。在混凝土浇筑过程中，监理工程师要每天根据原材料的不同对混凝土进行合理鉴定。浇筑过程中加强对振捣情况的监理，注意操作人员对振捣时间和振捣间距的合理控制，严格按照混凝土振捣器作业方法进行监理，以此确保混凝土的

强度，避免漏振、过振现象。施工单位需安排专人严格注意模板、钢筋的位置是否牢固，一旦发现跑模和位置移动现象，要及时通知相关技术人员，从而采取有效措施加以解决。

（三）其他环节的监管细则

在完成上述相关工序之后，监理工程师应监督施工单位适时做好混凝土二次抹面和覆盖塑料薄膜等工作，以防混凝土出现裂缝。在养护过程中，注意混凝土的养护用水应与搅拌用水一致，养护次数应根据混凝土的湿润程度来确定。现在很多施工单位采用薄膜包裹保水、保湿，确保内外温差在规定范围内，这样的方式比浇水更便于操作，而且效果显著；另外，在太阳光照不强的情况下，可以不浇水。

（四）混凝土施工完成后的监理

混凝土浇筑施工完成之后，监理工程师应该对混凝土的外观质量进行全面检查，保证混凝土浇筑工程、混凝土施工强度符合标准。要严格禁止在混凝土作业面施工，加强混凝土养护。要求施工单位严格按照施工方案进行拆模，尤其是底模，必须达到规范要求的强度才能拆除。如果有质量缺陷，施工单位必须及时整改。监理人员对整改部位要进行二次验收，通过这样的方式才能够保证混凝土浇筑施工顺利完成。在夏期施工，要对高温环境及混凝土的实际特点进行分析，明确高温天气对混凝土性能产生的影响，督促承包单位落实施工防护措施。

三、混凝土浇筑工作的监理

混凝土浇筑的监管需要在混凝土施工过程当中，根据混凝土的硬件器械，考量其在施工过程中的具体情况，插入时需要迅速，拔出时需要缓慢。根据振捣器的

工作使用情况进行标准化计算，位移一般是在 300~400mm 之间。在正常状态之下，按照技术标准实施，能够维持工期也对工程质量和安全性能达标起到保障作用。在振动速度和位移的控制方面需要根据混凝土的状态合理固化，防止后期出现材料不达标的问题。施工时要排除现场的混乱情况，做好隔离和工程人员确认。针对混凝土的平整程度，要对现场的温度进行控制，以排除误差和客观环境对施工带来的差异性。施工过程中要对操作人员本身的专业程度进行检验，操作人员需具有施工经验、施工专业的理论知识和实际操作的熟练度，采用专业人员进行团队施工是混凝土浇筑施工工作开展的前提之一。在整个工程进展的过程当中，需要对工程的工程质量进行把控，按照图纸的施工要求开展施工，工作出现问题时，及时与相关的施工部门和负责人沟通衔接。这样才能够确保整个房屋建设和混凝土浇筑的工程质量。

结论

混凝土浇筑施工的监理工作对于确保房建工程质量至关重要，必须提高监理人员的责任意识，严格按照监理要求进行监理，避免出现以权谋私的行为，提高工程监理的整体质量与水平。

参考文献

[1] 何理平 . 房建混凝土浇筑的监理控制措施探讨 [J]. 四川建材，2017，43（05）：229，231.

[2] 赵俊斌 . 高层楼房混凝土浇筑工程施工监理技术探讨 [J]. 建材与装饰，2016，12（15）：127-128.

[3] 李童，刘扬 . 建筑工程技术中混凝土冬季施工技术的研究 [J]. 工程技术研究，2018（3）：35-36.

[4] 谢小雨 . 水利工程中混凝土检测试验及其质量控制措施 [J]. 工程技术研究，2016（8）：191-192.

[5] 黄伟 . 建筑工程中混凝土施工技术的应用 [J]. 住宅与房地产，2017（32）：17.

BIM技术在建筑设计阶段的运用现状及成因简析

宋晓芸　宋继强

内蒙古科大工程项目管理有限责任公司

摘　要：本文通过对BIM技术在建筑设计领域运用现状的梳理，发现人员技能不对等、软件技术不适宜和相关约束不健全是形成该现状的关键因素，通过对以上因素的分析，寻求积极主动的改善途径及方法。

关键词：BIM技术；设计阶段；运用现状

引言

自"十一五"以来国家开始对BIM技术进行初步探索与研究，BIM技术以高端、先进、便捷的姿态进入建筑设计人员的视野，目前国内对于BIM技术的运用主要集中在项目咨询、项目管理和施工进度把控等领域，但是在建筑设计阶段的普及率整体偏低，本文将以该现象为基础，探讨BIM技术在建筑设计阶段的运用现状与未来发展方向。

一、运用现状

为了实现BIM技术在建筑行业的顺利推行，住房城乡建设部、交通运输部、国务院及各地相继加大BIM政策与标准落地。2011年住房城乡建设部首次将BIM纳入信息化标准建设内容；2014年住房城乡建设部在《关于推进建筑业发展和改革的若干意见》（建市〔2014〕92号）中明确提出"推进建筑信息模型（BIM）等信息技术在工程设计、施工和运营维护中的应用，提高综合效益，推广建筑工程减振技术，探索白图代替蓝图，数字化审图等工作"；2017年国务院发布《关于促进建筑业持续健康发展的意见》（国办发〔2017〕19号），此后各地纷纷落实BIM政策与标准落地工作，其中《建筑业十项新技术2017》将BIM列为信息技术之首。

但目前BIM技术在建筑设计阶段的运用相对较少，且其中大部分以逆向设计为主，即设计人员或设计院先运用CAD绘制设计图纸，然后通过具有BIM运用能力的非专业设计团体及个人的协助，将CAD图纸转化为BIM模型语言，进行图纸报审、甲方交付等形式的设计。

二、形成因素

逆向设计的出现虽然可以有效地缓解BIM技术在建筑设计单位与施工单位BIM技术运用及普及不对等的现象，但也催生出许多其他问题，例如BIM模型完成深度与设计需求不符，BIM建模周期不稳定等。而造成这一现象形成的具体因素可以概括为以下几个方面：

（一）人员素质

由于目前建筑BIM技术的运用多数停留在逆向设计阶段，换言之，专业的建筑设计人员不了解BIM建模的相关技能与标准；同时专业的BIM建模人员，尤其是很多非相关专业人员并不了解建筑设计各专业的行业标准与设计原则。这导致了建筑设计人员不能及时通过BIM模型发现建筑设计阶段各专业间存在的碰撞、标高等设计问题，并对此提出高效合理的解决意见；同时，BIM工程师在进行CAD图翻模时，BIM软件发生相关建模报错，不能及时准确地进行自主修改与调整，且由于受与建筑设计人员沟通不畅等因素的影响，导致BIM建筑模型的建模周期、最终交付质量等与最初预期相差甚多。

虽然逆向设计在表观上缩小了建筑设计阶段和其他各阶段BIM技术运用的差异，但并没有根本解决BIM技术全周期的运用与推广等本质性问题，甚至造成了建筑设计的时间成本增加和人员内耗现象的产生。

因此，设计阶段的参与人员素质不对等，是导致BIM技术在建筑设计阶段推行缓慢的重要原因之一。

（二）技术支持

首先，没有统一的BIM软件与运维平台的支持，是BIM技术推行难的基本原因。目前，各地区、各阶段，甚至各单位对于BIM技术的应用都没有统一的软件支持和运维平台管理，这不仅导致了建筑设计、施工与运维管理各阶段技术对接难度增大，也在一定程度上增加了项目成本，使得BIM技术在建筑设计行业的推行难度进一步增加。

其次，BIM软件对于建筑设计阶段的不适宜性，是BIM技术推行难的主要原因。与设计院传统的绘图模式相比，BIM技术虽然具有高效、可视、信息实时共享等特点，但对于设计人员而言，与传统设计软件联动性不足、界面差异大、快捷键不统一等因素，导致了BIM技术在建筑设计阶段的推广更是雪上加霜。

最后，BIM技术软件对于硬件设备的要求相对较高，前期投入大，后期收入不稳定，小型建筑运用率及经验复制率较低等现实因素，也成为BIM技术在设计阶段全面推广较为缓慢的因素

之一。

因此，BIM技术在平台、界面、设备等某方面支持的不完善，成为其在建筑设计阶段推行不善的根本原因所在。

（三）行业准则

目前，我国对于BIM设计的规范制定还处在初步探索阶段，还有许多实质性问题有待发现和解决。自2011年BIM技术概念正式提出，国家相继出台涉及BIM技术的行业标准仅数本有余，虽在一定程度上建立起了BIM技术未来发展大框架，但还有许多实践性的问题有待进一步的探索与细化，因此还需要有更多、更权威、更细化的行业准则与标准促进BIM技术在建筑设计领域的推行与发展。

各地区、各单位的标准不统一，在对接过程中存在的技术问题需要逐个梳理。自国家大力推广BIM技术以来，各单位率先出台BIM模型标准，各地区也相继出台BIM交付标准，BIM审图交付标准等，进一步规范BIM技术在建筑设计领域的推进与发展。但由于各地区对于BIM技术运用程度及实践范围不同，导致各地区BIM技术规定与规范存在一定的差异，在对接过程中需要针对每一个问题逐个梳理，反复核对，最终达成共识。

因此，建筑设计阶段行业准则的不完善，也成为BIM技术推行较为缓慢的主要原因之一。

三、完善推广

通过对逆向设计形成因素的利弊分析，以及国家及各地政策对于BIM技术推广的坚定决心，BIM技术在建筑设计阶段的全面推广已是势在必行，为保障

BIM技术的推行工作更加完善有效，推行过程易于接受，最终实现普遍推广，还需积极落实以下几个方面的支持：

（一）标准支持

积极主动出台国家及行业统一标准，是保证BIM技术在建筑设计阶段推行的基本基石。唯有统一的标准，才能保证BIM成果的标准化、完整化和通用化，才能在良莠不齐的BIM设计团队中树立正面的标杆与榜样，才能更加主动地推动BIM技术在建筑设计阶段的应用。

基于现有实践中发现的问题，细化标准内容，是推动BIM技术在建筑设计阶段应用的有力保障。在前人的经验中学习与成长，是优化人类知识结构的重要途径。所以，发现已有技术支持、表现形式、最终成果中存在的问题，并通过具有约束力的国家法规、行业标准等细化的手段加以规避，是实现BIM技术在建筑设计阶段运用的必要方法。

（二）技术支持

首先，优化BIM的适应性，减少抵触情绪。由于现有BIM软件界面的设计与传统CAD界面及快捷键等相差较大，在一定程度上增加了BIM技术在建筑设计阶段推行的难度。通过对传统绘图模式的延续模式优化BIM技术在建筑设计领域的适应性，对于减少抵触情绪和完善BIM技术的运用有着一举多得的效能。因此，优化BIM技术与传统绘图软件的适应性、联动性，减少抵触情绪，是促进BIM技术在建筑设计阶段推行的重要人性化手段。

其次，实现运维平台统一，保证BIM信息互通有无。现有BIM技术及其平台相互的兼容性与互通性不够，导致了建筑设计各阶段使用BIM技术进行

交流与沟通的成本增加，各 BIM 技术研发团队"单打独斗"，更是加剧了这一现象。对于运维平台标准化、统一化、权威化的需求，也成为许多单位及团体对于 BIM 技术运用及推广望而却步的主要原因。因此，加强 BIM 信息的互通是促进 BIM 技术在建筑设计阶段推行的重要技术手段。

最后，提高经济效益转化，促进 BIM 技术健康推广。积极促进 BIM 技术在各类建筑设计阶段的应用，增加 BIM 技术的经济效能，促进 BIM 技术自发在传统设计领域的积极转型，形成更为良性的 BIM 技术运用圈及经济效能转化圈。因此，提高 BIM 技术的经济效能，是保证 BIM 技术在建筑设计领域长期健康运用与发展的重要经济手段。

（三）技能支持

首先，提升设计人员专业素质，减少 BIM 技术推行阻力。目前，多数从事建筑设计阶段的 BIM 技术人员，受收入的影响，并非专业的建筑设计人员；而专业的建筑设计人员，又对 BIM 技术高端化、陌生性等有抵触情绪，不愿意积极接触与学习。因此，为促进 BIM 技术在建筑设计阶段积极、健康的发展，就需要积极提升建筑设计人员的 BIM 专业素养。

其次，积极组建 BIM 专业团队，增加 BIM 设计的专业性。俗话说单丝不成线，孤木不成林。唯有好的团队，才能实现 BIM 技术在建筑设计阶段的专业化，才能保证 BIM 成果在建筑设计阶段的优质化，才能满足 BIM 设计在建筑设计阶段的时效性。因此，积极组建 BIM 团队，是推进 BIM 技术在建筑设计阶段专业化的重要保障。

最后，增设 BIM 专业人才培养平台，提升建筑设计阶段 BIM 运用。目前，许多高校都积极增设了 BIM 技术相关的培养课程及智能建造、智慧建筑等专业方向。这在一定程度上降低了 BIM 技术未来推广的阻力，但也反映出高层次 BIM 运用技术人员人才培养的不足。

因此，加强 BIM 专业人才培养，才能实现 BIM 技术在建筑设计阶段未来可持续发展，满足我国基本国情的需要。

小结

高水平的 BIM 技术信息化设计与管理是实现建筑全生命周期数字化与信息化的坚实基础，因此 BIM 技术在建筑设计阶段的运用与推行势在必行。虽然在现阶段 BIM 技术在建筑设计领域的运用还稍显青涩，但假以时日，BIM 技术数字化、信息化、智能化的优势终会显现。

参考文献
[1] 马智亮 . BIM3.0 时代下的新思考 [J]. 建筑, 2018（22）：27-28.
[2] 米丽梅 .BIM 技术在建筑工程施工设计及管理中的应用 [J]. 山西建筑, 2021, 47（12）：188-190.
[3] 龚炜 . BIM 应用价值不断显现 [J]. 施工企业管理, 2021（6）：21.

基于项目管理部模式的输变电工程建设监理

陈广朋

河北电力工程监理有限公司

摘　要：文章介绍了项目管理部模式的管理特点与工作内容，通过实践经验对项目管理部模式的优缺点进行分析，并从监理的角度进行总结，为加快推进全过程工程咨询业务发展、促进监理行业转型升级提供借鉴经验。

关键词：项目管理部；监理；全过程工程咨询；转型升级

引言

我国自 1988 年开始实行监理制度，经过三十多年的发展，我国的监理制度日趋完善[1]。但目前监理企业仍然面临监理业务范围窄、监理队伍专业性不高、监理企业管理手段、组织形式落后等困境[2]。

多项国家政策表明，监理企业向全过程工程咨询企业转型将是未来的发展趋势。住房和城乡建设部于 2008 年 11 月发文鼓励有条件的大型工程监理企业向工程项目管理企业发展，为监理企业的发展指明了方向[1]。2017 年 2 月，国务院办公厅发布了《关于促进建筑业持续健康发展的意见》（国办发〔2017〕19 号），鼓励和推广全过程工程咨询[3]。2017 年 5 月，住房和城乡建设部公布 40 家全过程咨询试点企业名单，其中 16 家为监理企业。2017 年 7 月，住房和城乡建设部进一步发文对监理单位发展全过程咨询服务给出指导意见。2019 年 3 月，国家发展和改革委员会联合住房和城乡建设部发布了《关于推进全过程工程咨询服务发展的指导意见》（发改投资规〔2019〕515 号），提出以工程建设环节为重点推进全过程工程咨询，引导全过程工程咨询服务健康发展。上述文件均从国家层面对监理企业发展全过程咨询服务提出较为明确的指导意见[1]。

在国家政策引导下，国家电网公司于 2017 年印发了"深化基建队伍改革、强化施工安全管理"有关 12 项配套政策，提出整合建设管理和工程监理资源，将特定公司建设管理部室与监理公司合并，组建省建设分公司（监理公司），统筹加强工程项目管理。省建设分公司与省监理公司两块牌子一套人马，职能部门和业务机构合并设置。同时承接项目建设管理业务和工程监理业务的，现场可合并设立监理项目部（业主项目部），即项目管理部模式。经过四年的实践，模式逐渐固化。雄东 500kV 输变电工程属国网河北建设公司（河北电力工程监理有限公司）所建设管理工程，业主、监理合并成立项目管理部。本文针对雄东 500kV 输变电工程项目管理部的模式特点以及在工程建设管理过程中监理作用的发挥进行论述。

一、模式简介

（一）项目管理部的组成

通常情况下，建设工程五方责任主体（建设、勘察、设计、施工、监理）依据合同关系，建立以业主项目部为核心的项目管理模式，常规输变电工程也是如此。为了最大程度发挥专业管理优势，项目管理部模式整合业主与监理资源，将业主项目部与监理项目部合并，形成以项目管理部为管理核心的工程管理模式。项目管理部模式下现场项目部管理结构如图 1 所示。

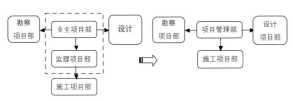

图1　项目管理部模式下现场项目部管理结构

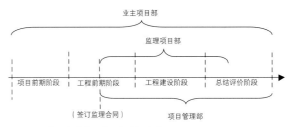

图2　项目管理部所涉及的工程建设阶段

从角色上，项目管理部中保持业主、监理身份不变；从管理上，业主、监理隶属于同一建管单位，业主项目部与监理项目部合并为项目管理部，共同开展建设管理、监理工作。现场管理从层级上扁平化，缩短管理链条。

（二）所涉及工程建设阶段

输变电工程建设全过程管理一般分为项目前期、工程前期、工程建设、总结评价四个阶段。业主项目部是由建设管理单位派驻工程现场，代表建设管理单位履行项目建设过程管理职责的工程项目管理组织机构。因此，业主项目部管理工作贯穿项目前期阶段、工程前期阶段、工程建设阶段、总结评价四个阶段[4]。监理项目部作为监理单位派驻工程负责履行建设工程监理合同的组织机构，服务期限根据监理合同而定，一般来说涉及工程前期、工程建设、总结评价三个阶段，主要工作内容集中在工程建设阶段[5]。

项目管理部是在监理项目部成立之后组建，由业主项目部和监理项目部合并建立，同时负责项目管理及监理业务。业主项目部将前阶段开展的工作成果移交项目管理部，做好相关工作的交接后自动解散。项目管理部管理工作涉及工程前期、工程建设、总结评价三个阶段[6]。项目管理部所涉及的工程建设阶段如图2所示。

（三）组织机构设置[6]

项目管理部在监理项目部成立之后，由业主项目部、监理项目部合并成立，项目管理部组织机构整合业主、监理人力资源，并按专业优势进行职责划分。一般来说，业主项目部人员偏重组织管理、协调等方面，监理项目部偏重现场安全、质量等专业管理，但实际岗位设置时可以交叉，非关键岗位人员可兼任。项目管理部岗位设置类别有：项目经理、项目副经理、质量工程师、安全工程师、建设协调专责、技术管理专责、造价管理专责、信息档案专责、现场管理员。以雄东500kV输变电工程为例，其中，项目经理、建设协调专责、技术管理专责、造价管理专责由业主项目部人员担任；项目副经理、质量工程师、安全工程师、信息档案专责、现场管理员由监理项目部人员担任。雄东500kV输变电工程人员配备一览表如表1所示。

雄东500kV输变电工程人员配备一览表　表1

业主项目部	监理项目部	项目管理部
项目经理		项目经理
	总监理工程师	项目副经理
	专业监理工程师	质量工程师
	安全监理工程师	安全工程师
属地协调联系人		建设协调专责
技术管理		技术管理专责
造价管理		造价管理专责
	信息资料员	信息档案管理员
	监理员	现场管理员

二、具体实施[6]

项目管理部由业主、监理项目部合并组建，在工作内容上，对业主、监理项目部工作任务进行了内部细分，从监理项目部角度来看，监理承担了一部分业主项目部管理职能，在工程各个阶段所负责的工作内容也有所扩展，以下从工程前期阶段、工程建设阶段以及总结评价阶段分别对项目管理部的工作内容进行论述。

（一）工程前期阶段

在工程前期阶段，在监理合同签订后由业主项目部和监理项目部合并成立项目管理部，共同由建设公司（监理公司）管理，并配备人员及办公设施。从策划文件上，监理规划同业主建设管理纲要合并编写，并对设计计划、项目管理实施规划、项目进度计划等进行审查，完成行政许可手续办理、招标配合及合同签订、组织设计联络会、组织设计交底及图纸会检等工作，并进行开工审核。

（二）工程建设阶段

在进度管理方面，项目管理部根据项目进度实施计划，与实际情况比对，及时分析实际进度偏差并采取纠偏措施。在安全管理方面，项目管理部对施工项目部管理人员、特种作业人员进行审查，并对大中型机械、安全工器具等开展进场审查和现场检查，通过旁站、巡视等手段发现事故隐患并督促施工项目部及时整改闭环，对工程关键部位、关键工序、危险作业进行安全旁站。在质量管理方面，审查进场原材料、构配件，对主要设备进行到货验收和开箱检查，通过旁站、巡视、见证、平行检验等手段开展现场质量检查，组织检验批、分项工程、分部工程验收等。在技术管理方面，开展施工图预检，审批施工方案，审核竣工图。在造价管理方面，审核工程预付款、进度款，审查设计变更与现场签证。

（三）总结评价阶段

根据工程建设合同执行情况对施工项目部开展综合评价，根据施工图设计、现场服务、设计变更等对设计单位设计质量进行评价，根据产品质量、物资供应及现场服务等情况对物资供应商提出履约评价建议。组织参建单位提交结算资料，编制、预审、上报竣工结算文件，配合完成工程财务决算和工程审计、财务稽核以及固定资产转资等工作。

三、优缺点分析

（一）优点

1. 提升监理话语权。监理项目部与业主项目部隶属于同一家建设管理单位，并且监理项目部总监理工程师兼任项目管理部副经理，监理与业主的关系更为密切，监理项目部以项目管理部名义开展现场施工管理，管理力度提高。

2. 满足业主要求。项目管理部为业主项目部与监理项目部的深度融合，从

工作内容上比以往监理模式更能贴近业主需求，甚至一些工作可以代替业主完成。

3. 降低管理成本。监理项目部与业主项目部深度融合，从车辆、办公物资等资源配备上资源共享，从人员配置上优势互补，从而大幅度降低管理成本，提高项目管理的经济效益。从现场管理上，业主与监理各自发挥专业，项目管理部总体管理力量加强。

4. 缩短管理链条。监理项目部以项目管理部名义直接与设计、物资对接，提高信息沟通传达效率与物资设备生产加工、进货供应协调深度。

5. 提升监理水平。项目管理部模式有助于培养兼具组织协调、外协与施工管理技术等方面的综合素质人才，对提高监理公司综合实力、拓展监理业务范围、促进监理公司向全过程咨询企业转型升级具有积极作用。

6. 转变监理思想。项目管理部监理人员从业主层面考虑工程项目管理，逐步从思想上提高管理立场。通过主动应用 5G、BIM 技术、大数据、物联网、北斗导航等先进技术，促进监理组织管理与服务水平的提升。

（二）缺点

1. 增加监理工作量。从监理项目部角度来看，监理在项目管理部工作内容上涉及一部分业主项目部工作，监理工作任务量有所增加。

2. 推广条件受限。项目管理部模式只适用于工程项目所中标监理公司与建管单位属于相同公司的企业，或者自行监理的项目。

总结

项目管理部模式总体来说是监理项目部与业主项目部的深度融合，目前尚处于模式施行的起步阶段。从监理立场来看，是监理业务向业主层面的延伸，提高了监理话语权；从工作内容上来看，监理除承担自身监理工作以外，承接一部分业主工作内容；从管理成本上看，项目管理部模式有助于减少总体管理费用；从监理发展方向上，项目管理部模式是基于现行监理项目部模式向全过程咨询方向的一种延伸，与全过程咨询保持相同的发展方向。

对于监理企业来说，项目管理部模式有助于培养工程管理综合素质人才，提高监理企业服务工程建设的综合能力，为监理企业向全过程咨询企业转型升级奠定基础。

参考文献

[1] 刘亮，祝颖慧. 基于全过程工程咨询服务的监理企业转型策略研究 [J]. 价值工程，2018（31）：4-6.
[2] 买媛，杨洁. 监理企业转型策略探讨 [J]. 河南营销界，2020.
[3] 董翌为，陈雪松. 全过程咨询与工程监理行业的发展 [J]. 建设监理，2019（11）：11-15.
[4] 国家电网有限公司基建部. 国家电网有限公司业主项目部标准化管理手册 [M]. 北京：中国电力出版社，2018.
[5] 刘泽洪. 国家电网有限公司监理项目部标准化管理手册 [M]. 北京：中国电力出版社，2018.
[6] 刘泽洪. 国家电网有限公司施工项目部标准化管理手册 [M]. 北京：中国电力出版社，2018.

红岩村桥隧项目安全风险防控监理工作体会

张 翼

重庆联盛建设项目管理有限公司

摘　要：本文根据重庆联盛建设项目管理有限公司在开展重庆"快速路三纵线红岩村嘉陵江大桥至五台山立交建设工程（本文采用初期名称：红岩村桥隧项目）"项目监理工作过程中，针对此技术难度大、受力复杂、施工风险极高，为国内首创、世界罕见的隧道群施工安全风险管控工作实践，总结出了公司层面常设安全技术支撑小组，与外聘专家团队和外委的专业技术服务团队相结合，全过程指导驻地项目组织机构开展现场的日常安全风险管控，发挥团队整体的安全风险管控能力所带来的明显的安全风险管控效果的体会。

关键词：隧道安全风险；安全风险防控；超危大工程

一、项目建设意义

本工程全称是"快速路三纵线红岩村嘉陵江大桥至五台山立交建设工程（一标段）"，是重庆快速路"三纵线"居中的一段，起于红岩村嘉陵江大桥北桥台，止于五台山立交，线路全长4.95km；是重庆市快速路网的重要组成部分，纵贯重庆主城四区，将牛滴路等多条城区市政主干道连为一体，可以有力缓解过江桥梁及江北区观音桥环道、渝中区两路口环道等区域交通压力，有利于构建城市立体交通。

二、项目主要安全特点及难点

项目工程包括红岩村隧道、轨道5号线车站及区间隧道、歇台子连接线、滴水岩隧道、红岩村立交和五台山立交等，隧道折合单洞全长11.26km，立交桥全长3km。

1. 周边交通纵横交错（表1）

1）与牛滴路、嘉陵路、高九路、歇虎路、渝中电缆隧道、渝州路、谢陈路和石杨路等8条城市主干路相交。

2）与轨道1、5、9号线，环线，现状梨莱铁路以及新建成渝客专等6条轨道线及铁路线存在空间交汇。

2. 项目线路穿越大量既有建筑物。隧道穿越区上方有2000多幢建、构筑物，施工安全风险极高。

轨道及线路交叉施工情况表		表1
轨道及线路名称	高差/m	交叉施工情况
轨道9号线	43.5	主线隧道上跨轨道区间隧道
成渝客专	27.8	主线隧道上跨铁路区间隧道
轨道5号线	16.3	主线隧道上跨轨道区间隧道
高9路	69.8	主线隧道下穿
轨道5号线	23.7	主线隧道下穿轨道区间隧道
轨道1号线	32.1	主线隧道下穿轨道区间隧道
渝州路	54.6	主线隧道下穿
轨道环线	14.8	主线隧道上跨轨道区间隧道
谢陈路	35.8	主线隧道下穿
石杨路	8.7	主线上跨

3. 隧道与轨道交通竖向交叉复杂，施工难度大，安全风险高。

4. 红岩村暗挖车站等地上地下结构物布局，深基坑安全风险大。

红岩村车站为地下一层侧式站台车站（地下站厅），车站采用明暗挖结合、部分设备及管理用房外挂的车站形式，车站全长170.7m，明挖段长129.9m，暗挖段长40.8m，车站共设4个出入口，4组风亭。

5. 红岩村进口隧道群空间关系复杂，洞间近接，实施的总体安全风险极高。

1）左、右线两座三车道大断面隧道分别位于轨道5号线红岩村车站隧道左、右拱肩，最小净距约为2.0m，匝道隧道则置于两侧，处于立体交叉，且长距离紧贴、并行。

2）主线隧道进口在5号线红岩村暗挖处上、下重叠进洞，重叠段两洞净距约1.3~3.2m，该范围内地下空间群洞近接，对施工带来极大风险。

3）同时，该段5号线车站下方为既有梨菜铁路隧道，与5号线车站隧道仰拱净距约1.3m，与5号线车站明挖底部边墙最小净距约为4.7m。

三、项目安全风险防控工作策划及实施要点

针对本项目这种世界罕见的复杂城市隧道群工程，公司中标该项目后，即由公司董事长牵头成立公司级的项目监理工作领导小组。除了严格按照法律、法规及相关安全施工标准开展常规的安全监理工作外，主要在以下方面采取了针对性极强的措施强化公司对本项目的安全风险防控。

（一）组建公司级的常设安全技术支撑小组常态化地指导和检查项目监理部的安全风险防控工作

1. 把公司常设安全技术支撑小组、外聘专家团队和外委的专业爆破监理技术支撑团队纳入驻地项目组织架构，明确人员分工和相应的职责分工，培训、指导与考评、考核结合，有效发挥团队整体的安全风险管控能力。

2. 做好进场后项目实施前的项目现状踏勘比对工作，为项目监理部及公司支撑小组编制风险防控工作计划、措施，及提供项目实施过程中日常防控工作需要的真实原始资料（表2）。

3. 强化对本项目主要安全危险源的识别和判定工作，并制定针对性的管控措施。比如对红岩村洞口群洞叠加段危险源的识别和防控措施（表3）。

4. 针对本项目安全风险特点，制定了较为齐全的安全风险防控工作制度。

5. 严格把控超危大工程分施工方案审核及专家论证工作，对项目涉及的全部35个超危大工程建立台账，全程跟进方案的实施（表4）。

6. 在日常的安全风险防控工作中，驻地监理部在编制"监理大纲""监理规划""监理实施细则"时，明确了本项目的安全监理目标、措施、计划和安全监理工作程序，并建立相关的安全监理工作程序，制定了安全控制工作计划，进行安全风险防控工作二次策划，将项目安全风险防控要求分解到各责任主体。对施工单位的安全保证体系、安全监督管理体系、安全管理规章制度，及项目负责人、专职安全人员、特种作业人员资质，涉及安全的分包单位的资质、安全生产许可证和分包工程的范围，大、中型起重机械等进行了严格的审查。对重大技术方案、

重大项目、重要工序，危险、特殊作业的安全施工措施和作业指导书进行了审查，日常监督工作中严格管控。

（二）聘请社会专家开展风险评估及提出风险防控建议，提升项目驻地机构安全风险防控能力

1. 根据红岩村隧道项目实际，将红岩村隧道施工作业程序分解。

2. 采用系统安全工程的方法，从人、机、料、法、环分析致险因子。

3. 公司外聘专家团队从结构设计、环境因素、施工方法、安全管理等角度对本项目进行了重大风险源评估。结合专项风险评估的结果，经评估小组讨论决定：本项目红岩村隧道的安全风险重大危险源为坍塌、有害气体和洞口失稳（表5）。

4. 完成重大风险源估测后，根据隧道工程进度表，绘制施工安全风险分布图，将重大风险源的风险等级用不同颜色在隧道纵断面上的分布情况标识出来，便于现场驻地监理机构的人员开展现场的管理策划及日常管控。

5. 在此基础上，形成了本项目的安全风险防控措施建议。比如针对隧道洞口失稳这个重大风险源的管控措施（表6）。

（三）隧道爆破施工必须在确保高质量的隧道开挖断面和进尺的同时，将爆破震动控制在尽可能小，以保证地表及建筑物的安全并少扰民。

为此，公司委托专业公司对本工程涉及的红岩村工区、歇台子工区、五台山工区等多处开展爆破工作的日常监理，要求专业公司派遣专业的爆破工程技术人员作为作业现场监理负责人，主持开展日常安全监理工作。分担公司在本项目涉及爆破安全风险方面的防控工作。

红岩村洞口群洞叠加段危险源的识别和防控措施表　　表2

序号	勘察内容	勘察情况	勘察结论	备注
一	**工程地形地貌**			
1	地形起伏情况、标高情况			
2	有无不良地质情况			滑坡、边坡、切坡、软弱层、淤泥、流沙等
3	场地道路情况			
4	场地内拆迁情况			电杆及线路、树木、房屋、坟等
5	场地回填情况			
6	场地水文情况			地下水、池塘、溪流等
7	场地开挖情况			
8	场地现有建筑物、构筑情况			
9	场地土、岩质情况			
10	场内管网			原有管网及管网入场情况
11	场地内排水情况			
12	场地保留树种情况			
13	规划水准点保留、保护情况			
14	进场道路开口情况			
二	**周边情况**			
1	周边房屋、构筑物情况			
2	周边道路情况			
3	民族情况			
4	周边居民情况及反应			
5	周边企业及施工情况			
三	**周边管网**			
1	供水情况： 市政供水标高为___m，接口位置为___，市政接口管径为___m，材料为___，埋深为___m			
2	污水情况： 污水管网接口在___位置处，材料为___，埋深为___m，接口管径___m			
3	雨水情况： 雨水管网接口在___位置处，材料为___，埋深为___m；接口管径___m，埋深为___m			
4	临电情况： 位置在___，箱变位置在___，负荷情况			
5	正电情况： 采用___路___kV市电源供电，市电接口位置在___，埋深为___m			
6	弱电情况： 位置在___，埋深为___m			
四	**现场作业情况**			是否正进行施工、勘察
五	**业主需提供的设计依据和相关基础设计资料**			
1	选址意见通知书			
	......			

包括编制爆破工程安全监理方案，并按爆破工程进度和实施要求编制爆破工程安全监理细则，按照细则开展审验爆破作业人员的资格，进行爆破震动监测；监督民用爆炸物品领取及清退制度的落实情况，装药量检查等日常爆破工程安全监理工作。

四、项目安全风险防控工作成效

工程自2015年12月31日开工以来，在近五年的施工期内，在公司常设安全技术支持小组、外聘专家团队和外委的专业爆破监理技术服务团队与驻地项目组织架构深度合作共管的管控下，公司驻地监理机构克服暗挖隧道施工粉尘高、噪声大、高温潮湿、交通不便等工作环境极差的困难，五年如一日，全过程、全时段有效管控本项目安全风险，及时督促施工单位消除各种安全隐患，确保了施工安全始终处于可控状态，未发生安全事故，在参建各方的努力下，历经58个月，克服重重困难，于2020年10月2日全线顺利贯通，获得建设行政主管部门和业主高度评价。

红岩村洞口群洞叠加段危险源识别和防控措施表 表3

序号	危险源	危险源识别	风险事件	主要防控措施
1	红岩村洞口群洞叠加段	本处洞群总体为4层，由上而下分别为三纵线主线隧道及匝道隧道、地铁5号线红岩村车站隧道、梨菜铁路红岩村隧道及后期拟建轨道交通9号线。三纵线主线左隧道与5号线红岩村车站隧道净距约为2m，5号线红岩村车站隧道与梨菜铁路红岩村隧道净距约为1.3m，进口前方明挖结构侧墙与梨菜铁路红岩村隧道净距约为4.7m	变形及塌方、地表沉降、既有结构损害、环境影响	1）加强对影响范围内5号线车站隧道、区间隧道、风道、三纵线X-B匝道、左线隧道、右线隧道、X-A匝道的施工方案的编制合理性审核，尤其严格把控施工顺序的设计及实施管控； 2）严格按照专家论证确认的总体施工流程为管控施工单位的日常掘进施工行为； 3）对于5号线红岩村车站隧道拱顶和三纵线之间净距非常近的仰拱管棚施作区域的日常施工，安排人员全程旁站，严格管控精确导向钻进，严控管棚施工前端上翘或下沉偏差； 4）对于保护梨菜铁路拱顶围岩及隔离施工扰动方面所采用的桩基托梁，严格成型尺寸检查，严控误差，确保位置准确，托护有效； 5）做好对施工单位日常监测工作的管控，并加强与第三方专业监控量测单位的配合，熟悉人工静态监控、远程自动化全程监控系统，及时掌握监测信息，适时管控各阶段支护参数调整和施工方法； 6）严格审查专项应急预案，并经常性地检查应急人员、物资的准备及符合情况

超危大工程台账 表4

编号	超危大工程施工方案名称	类型	施工单位审批符合情况及时间	监理部审批情况及时间	专家论证情况	业主审批情况及时间
1	施工组织设计	A	已审批 2015年12月25日	已审批 2016年1月5日	已论证	已审批 2016年1月7日
2	人工挖孔桩专项施工方案	A	已审批 2015年12月27日	已审批 2015年12月28日	已论证	已审批 2015年12月28日
3	高边坡专项安全施工方案	A	已审批 2015年11月4日	已审批 2015年12月28日	已论证	已审批 2015年12月28日
4	红岩村隧道上跨成渝客专专项施工方案	B	已审批 2016年4月20日	已审批 2017年1月24日	已论证	已审批 2016年1月24日
5	红岩村立交桥墩及盖梁专项施工方案	B	已审批 2016年4月21日	已审批 2016年12月30日	已论证	已审批 2017年12月30日
6	重庆红岩村桥隧PPP项目总体设计爆破专项方案	A	已报审 2016年5月10日 2019年7月4日	已审批 2016年7月20日 2019年7月11日	已论证	已审批 2016年9月4日 2019年8月4日
	......					

红岩村隧道安全风险重大危险源 表5

序号	施工区段（里程桩号）	坍塌			有害气体（瓦斯爆炸）			洞口失稳		
		可能性等级	严重程度等级	风险等级	可能性等级	严重程度等级	风险等级	可能性等级	严重程度等级	风险等级
1	五台山工区	可能	较大	高度Ⅲ级	偶然	较大	中度Ⅱ级	偶然	较大	中度Ⅱ级
2	歇台子工区	可能	较大	高度Ⅲ级	偶然	较大	中度Ⅱ级	偶然	较大	高度Ⅲ级
3	红岩村工区	可能	较大	高度Ⅲ级	偶然	较大	中度Ⅱ级	偶然	较大	高度Ⅲ级

洞口失稳管控措施 表6

序号	作业内容	控制措施
1	监控量测	增加地表下沉监控量测频率，分析洞口变形发展趋势
2	开挖	控制爆破，优化炮孔布置、装药方式、装药量、起爆方式等，减少对围岩的扰动。超前支护应及时到位，严格按照设计施工，中间围岩开挖后及时封闭初期支护；临时支撑拆除后，及时施作二衬；同时在施工过程中，加强第三方监控量测，做到及时预测预警； 合理的开挖面高度，特别是采用台阶法开挖时，第一步开挖的台阶高度不宜超过1/3的开挖高度
3	支护	加强超前支护，提高支护结构整体性，对东洞口考虑到后期拆除临时支撑后初期支护稳定性，建议加强Ⅴ围岩初期支护的强度，有钢格栅改为20b的钢拱架；拱脚设置锁脚锚杆，并控制锁脚锚杆的施工质量，二衬紧跟。支护结构脚部处理，提高基底承载力
4	排水	洞口顶部做好防排水处理

关于总监理工程师工作评价标准研究

高来先　刘建华　张永炘　吴国爱

广东创成建设监理咨询有限公司

摘　要： 本文使用专家咨询法筛选总监理工程师工作评价指标，使用层次分析法将其分层分级，梳理出6个一级评价指标，27个二级指标，101个三级指标，构建总监理工程师工作评价标准，并建立使用规则，在"金牌总监理工程师"的评选活动中实证应用，结果符合实际。本文也为建立监理工程师及监理员工作评价标准打下基础，从而形成监理工作评价标准体系。

关键词： 总监理工程师；工作评价；评价标准

一、概述

如何对总监理工程师的工作开展适宜评价，是监理行业一直研究的课题之一。有专家从项目管理适合性的角度建立了总监理工程师考核评价[1]，有学者从诚信评价的角度，通过问卷调查方式开展了总监工程师诚信评价指标研究[2]，有业内同行从电力建设的角度开展工程监理咨询标准的建立与研究[3]。但目前对总监理工程师工作评价标准的研究，主要是对总监理工程师工作进行整体性评价，集中在工程项目管理、业主满意度等方面，未将评价项目进行细化，如经营指标、廉洁监督、人才培养等，且大部分指标只是定性评价，没有具体的评分标准，仍局限于传统评价范畴，评价缺乏适宜性、全面性和实用性。

构建一个适用于总监理工程师的系统性评价标准，以加强对总监理工程师的管理，进一步推进监理工作规范化、标准化，对推动监理行业向高质量发展有着重要意义。

二、评价标准构建

依据《建设工程监理规范》GB/T 50319—2013、《电力建设工程监理规范》DL/T 5434—2021，监理行业特点及监理企业工作要求，通过专家咨询法筛选出各层级评价指标，采用层次分析法确定指标权重，并确定评价标准的使用规则，从而构建总监理工程师工作评价标准。

（一）评价标准构建流程

利用专家咨询法和层次分析法，构建总监理工程师工作评价标准流程，如图1所示。

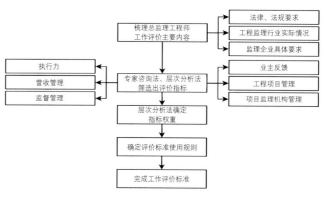

图1　总监理工程师工作评价标准构建流程图

（二）评价标准指标设定原则

1.全面性原则。评价标准涵盖工程监理服务的主要内容，执行《建设工程监理规范》GB/T 50319—2013、《电力建设工程监理规范》DL/T 5434—2021对总监理工程师的工作要求。

2.科学性原则。指标选取充分反映总监理工程师工作内涵及目的。

3.可比性原则。评价指标反映评价对象的共同属性。如各总监理工程师分管项目大小、数量不一，进行统筹考虑；如营收指标中的项目产值，不能唯产值论，还需对人均产值进行量化评价。

4.独立性原则。同一层次的评价指标各自独立，不能相互重叠、包含以及存在因果关系。

5.定性与定量相结合原则。主要采用定量指标，对于难以量化的则采用定性评价，如安全责任事故、质量责任事故、廉洁违规等，均采用一票否决制。

（三）评价标准的确定方法

1.专家咨询法

德尔菲专家咨询法是通过函件匿名的方式分别向专家组成员进行多次咨询，使专家组意见趋于一致的评价方法[4]。本文共选取11位行业内知名专家，组成询函专家组。各专家依据函件的模板格式，填写各层级评价指标，工作组汇总并完成指标相似性整理，将整理后的评价指标清单向专家组再次发出，以最终完成各层级主要指标的筛选。

2.层次分析法

层次分析法是指将决策问题的有关元素分解成目标、准则、方案等层次，并对其进行定量和定性分析的一种决策方法[5]。鉴于总监理工程师工作内容的多样性和复杂性，增加一个子准则层，将工作评价标准分为4个层次进行研究。

1）目标层。以解决问题为目的，以总监理工程师工作评价标准为总目标。

2）准则层。一级评价指标，依据《建设工程监理规范》GB/T 50319—2013《电力建设工程监理规范》DL/T 5434—2021、监理企业具体要求等，对总监理工程师主要工作内容进行分类，总结提炼一级评价指标；在"三控两管一协调、履行建设工程安全生产的监理职责"的基础上，向经营指标、业主满意度、公司指令执行及廉洁自律等方面进行延伸，符合新时代监理行业的发展要求。

3）子准则层。二级评价指标，是各准则层的对应指标。

4）具体指标层。三级评价指标，是各子准则层的对应指标，即具体评分指标。

（四）评价指标设定

根据《建设工程监理规范》GB/T 50319—2013《电力建设工程监理规范》DL/T 5434—2021，结合监理企业具体要求及指标设定原则，通过采用专家咨询法和层次分析法，共筛选出一级评价指标（准则层）6个，分别为工程项目管理、业主反馈、项目监理机构管理、执行力、营收管理及监督管理，二级评价指标27个，三级评价指标101个，如表1所示。

（五）评价指标权重确定

1.计算方法

1）构造判断矩阵。在确定各层次各因素 C 之间的权重时采用一致矩阵法，两两因素之间进行比较。判断矩阵元素 a_{ij} 的标度方法见表2。

判断矩阵由专家组讨论形成，专家对各要素层及指标层进行两两比较。若参加比较的要素或指标有 n 个，则构建

的矩阵为 n 阶矩阵，其结果如下：

$$A = (a_{ij})_{n \times n} = \begin{bmatrix} \frac{C_1}{C_1} & \frac{C_1}{C_2} & \cdots & \frac{C_1}{C_n} \\ \frac{C_2}{C_1} & \frac{C_2}{C_2} & \cdots & \frac{C_2}{C_n} \\ \vdots & \vdots & \ddots & \vdots \\ \frac{C_n}{C_1} & \frac{C_n}{C_2} & \cdots & \frac{C_n}{C_n} \end{bmatrix}$$

以 i 表示行，j 表示列，令 $J_{ij} = C_i/C_j$，可归纳出如上所示的两两比较判断矩阵具有如下性质：

$$\begin{cases} J_{ij} = 1, & \text{当 } i = j \text{ 时} \\ J_{ij} = 1/J_{ji}, & \text{当 } i \neq j \text{ 时} \\ J_{ij} > 0, & i、j = 1, 2, 3, \cdots, n \end{cases}$$

2）计算各层级指标的相对权重。通过求解判断矩阵的特征向量并归一化，可计算出各因素的相对权重，其中特征向量的计算可采用本征向量法、最小平方权法、方根法等方法，本文采用方根法进行归一化处理。

3）一致性检验。

首先，计算相容性指标：$CI = \dfrac{\lambda_{\max} - n}{n - 1}$，其中最大特征值：$\lambda_{\max} = \sum\limits_{i=1}^{n} \dfrac{[AW]_i}{W_i}$，$[AW]_i$ 为矩阵 $[AW]$ 的第 i 个分量。再计算一致性比率：$CR = \dfrac{CI}{RI}$，RI 为平均随机一致性指标，是根据足够多个随机发生的样本矩阵计算出的一致性指标的平均值，平均随机一致性指标 RI 见表3。

若一致性指标 $CR < 0.10$，则认为矩阵中各参数具有满意的一致性，权重向量 W 可以接受，否则计算结果无效。

2.计算结果及权重确定

专家组依据重要性对评价指标进行两两比较，得出相应的权重分配。以准则层为例进行权重计算，子准则层参照此方法进行计算。准则层权重判断矩阵、权重计算及一致性检验计算结果见表4。

总监理工程师工作评价标准 表1

准则层指标	子准则层指标	具体指标
业主反馈	业主满意度调查表	按照满意度评分取分
	业主表彰	按照表彰级别取分
	业主投诉	书面投诉
	承包商扣分	按照业主施工过程对监理扣分取分
工程项目管理	综合管理	资料审核与报送、监理日志等
	质量管理	质量事故（一票否决）
		质量过程管理
	进度管理	三级进度计划审查、进度控制与调整
	造价管理	工程计量与工程款支付、工程变更处理
	安全生产管理的监理职责	安全生产责任事故（一票否决）
		安全过程管理
	合同管理	档案移交完成率、档案质量
	档案管理	档案移交完成率、档案质量
项目监理机构管理	培训交底	工作交底、安全交底、监理部内部培训
	人才培养	监理人员培养
	劳动纪律	考勤
	防疫工作	防疫政策执行
	车辆管理	合规
执行力	公司指令执行	调令执行
	文件提交	工程报表、简报等提交
	资源利用	合理利用公司资源
	信息系统应用	公司智慧监理系统应用
营收管理	协助公司承揽业务	协助承揽、开拓业务
	配合收款	及时收款
	经营指标	人均产值
监督管理	违规违纪违法	项目总监理工程师违规违纪违法（一票否决）
		项目监理人员违规违纪违法
	警示教育	警示教育学习

判断矩阵元素 a_{ij} 的标度方法 表2

标度	含义
1	表示2个因素相比，具有同样重要性
3	表示2个因素相比，一个因素比另一个因素稍微重要
5	表示2个因素相比，一个因素比另一个因素明显重要
7	表示2个因素相比，一个因素比另一个因素强烈重要
9	表示2个因素相比，一个因素比另一个因素极端重要
2、4、6、8	上述两相邻判断的中值
倒数	因素j与i比较的判断$a_{ji}=1/a_{ij}$

平均随机一致性指标 RI 表3

阶数	RI	阶数	RI	阶数	RI
1	0	4	0.90	7	1.32
2	0	5	1.12	8	1.41
3	0.58	6	1.24	9	1.45

通过上述准则层权重计算结果可知，工程项目管理和业主反馈两项指标权重最高，做好工程项目"三控两管一协调、履行建设工程安全生产的监理职责"、加强与业主的沟通和提高服务满意度，是总监理工程师的主要工作内容，也是对其工作评价的关键指标，更是一个监理项目成败的核心环节。因此，工程项目"管得好、评价高"，是推广使用总监理工程师工作评价标准的主要目标。

三、评价标准使用规则

本文所构建的总监理工程师工作评价标准更加注重灵活性和可操作性，如只针对某一特定阶段进行评分或只针对现场可核查指标进行评分等，根据评价目的自由选取具体指标的情况下，依然能够计算出相对科学、客观的评分。工作评价标准的使用规则具体包括以下三个方面。

（一）每个子准则层下的具体指标平均分配权重。由于在实际使用过程中，具体指标层的指标根据每次评价目的和现场条件自由选取，选取的指标及指标个数不尽相同，如区域总监理工程师要进行车辆管理，非区域总监理工程师则无此项工作，因此规定具体指标平均分配权重。采用层次分析法对指标进行筛选，已考虑到总监理工程师工作内容的多样性和复杂性，在目标层、准则层、指标层共3层的基础上增加了子准则层，因此到具体指标层的指标，相互之间差异不大，平均分配权重相对合理。

（二）规定每个准则层、准则层满分均为100分，并根据权重计算上一层级的分数。若某次评分是未选取某几项准

准则层判断矩阵计算结果　　　表4

指标	工程项目管理	业主反馈	项目监理机构管理	营收管理	执行力	监督管理	权重	一致性检验
工程项目管理	1	3/2	2	5/2	3	3	0.3094	
业主反馈	2/3	1	4/3	5/3	2	2	0.2063	
项目监理机构管理	1/2	3/4	1	5/4	3/2	3/2	0.1541	CR=0.0007<0.1 可接受
营收管理	2/5	3/5	4/5	1	6/5	6/5	0.1238	
执行力	1/3	1/2	2/3	5/6	1	1	0.1032	
监督管理	1/3	1/2	2/3	5/6	1	1	0.1032	

评价等级划分　　表5

评价等级	综合评价得分
优秀	得分≥90
良好	80≤得分<89
合格	60≤得分<79
不合格	得分<60

则层（子准则层）指标时，则规定未纳入评分的准则层（子准则层）指标分数等于其余准则层（子准则层）平均分。

（三）评价工作组成员由具备丰富的现场经验、熟悉工程类法律法规的人员组成，采用现场检查与资料核查相结合的方法，所评价的项目宜在工程投资完成1/3后进行。综合评价得分计算如下：

$$综合评价得分 = \sum_{A}^{F}（准则层指标得分 \times 权重分配）$$

根据最终的评价得分，进行相应的等级划分，评价等级划分如表5所示。

四、实证应用

（一）"金牌总监理工程师"评选

笔者将总监理工程师工作评价标准应用于年度"金牌总监理工程师"评选活动，对在册总监理工程师工作进行了系统性评价。通过"指标排名、数据说话"的方式，突出现场、注重"安全管理、过程管理"，同时结合企业实际，将新时代党建引领、数字化系统应用等融入其中，实现全方位评价，所评选出的总监理工程师受到员工的一致肯定。

（二）取得成效

"金牌总监理工程师"评选活动的开展，起到了表彰先进、树立榜样、发挥模范带头的作用；通过建立工作评价标准，让总监理工程师的工作有了具体衡量标准，有效加强了对总监理工程师的管理，促进总监理工程师工作规范化，不断提高监理服务水平，同时也为监理企业在总监理工程师选聘、考核评价、评优评先等方面提供了很好的参考。

结语

根据专家咨询法和层次分析法，建立了总监理工程师工作评价标准，通过开展"金牌总监理工程师"的评选，进行了很好的实证应用。也正在研究利用这种方法建立适用于监理工程师和监理员的工作评价标准，从而建立完整的监理工作评价标准体系，通过评价监理工作情况，促使监理人员规范化工作，推动监理行业高质量发展。

参考文献

[1] 苏炜明．浅论建立总监理工程师考核评价 [J]．建设监理，2004（6）：16-17．
[2] 郑磊，蒋卓见，刘军．总监理工程师诚信评价研究 [J]．现代管理科学，2004（6）：101-103．
[3] 高来先，许东方，姜继双，陈继军，秦鲁涛，张永炘．电力建设工程监理咨询标准的研究与实践 [M]// 中国建设监理协会．中国建设监理与咨询 38．北京：中国建筑工业出版社，2021：86-89．
[4] 王艳艳，刘娟，张俊，谢小敏，江逊．基于德尔菲专家咨询法和层次分析法对儿科门诊护理质量评价的构建的应用 [J]．护士进修．2019（34）：2037．
[5] WASIL E, GOLDEN B.Celebrating 25 years of AHP based decsision making[J].Computers and operations research, 2003（30）：1419-1438．

高端住宅项目全过程工程咨询服务实践

张海岸　程　强　彭初开　刘　彪　王爱华

友谊国际工程咨询股份有限公司

摘　要： 目前全过程工程咨询服务项目日益增多，服务类型多样化，但行业标准缺失，经验总结较少。本文以友谊国际工程咨询股份有限公司监理的某高端住宅开展全过程工程咨询服务为例，总结全面发挥全过程咨询优势的实践方法，为促进全过程工程咨询高质量发展提供参考。

关键词： 项目管理部；监理；全过程工程咨询；转型升级

一、项目基本概况

该项目为高端住宅区，位于长沙市某地。规划新建内容包含住宅、商业、托儿所、物业用房、社区用房和地下车库等相关内容，净用地面积约 44 亩[①]，其中住宅用地约 35 亩、商业用地约 9 亩，项目总建筑面积约 15.63 万 m^2，其中住宅地上面积约 8.1 万 m^2，地下面积约 2.5 万 m^2。

二、组织模式

融合企业资源，依托企业专业技术，成立本项目全过程工程咨询管理组织，项目经理对全过程的咨询服务负责，各部门项目副经理不仅承担本专业的咨询管理，同时配合项目经理完成整个全过程咨询服务，每个专业板块的管理人员划分至各专业负责人，责任到人（图1）。

三、服务的运作过程

（一）全过程工程咨询服务总体规划

1. 投资控制方面

建立健全项目投资控制体系和流程。在项目设计、建造和决算各阶段实行全方位、全过程，环环紧扣的投资控制管理程序，务必把建设投资费用控制在目标范围之内。

将工程款支付管理和财务报告服务纳入项目投资的日常管理服务内容。加强投资管理配合力度，贯彻执行招标人及财政主管部门的各项资金管理要求，并设专人协调财政部门按计划落实资金拨付。

将预算编制与财务管理相结合，将造价分析、投资计划、资金筹措与拨付统筹考虑，加强系统管理，避免投资控制中由于专业分工不同而出现真空地带。

定期或根据需要进行投资偏差分析，如果出现超支情况或隐患，及时采取补救或预防措施；进行投资偏差分析的基础标准是前述投资计划，并灵活运用表格法、曲线法、赢得值法等各种统筹方法进行比较。

投资管理以合同管理为基础，结合运用设计管理、招标管理、采购管理、施工现场管理等，实现投资管理的目标。

[①] 1亩=666.67m^2。

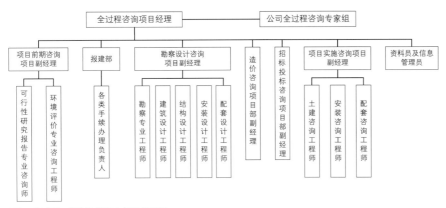

图1　全过程工程咨询管理人员组织构架

投资管理中的重要事项的决策，如：对使用功能有影响或费用增加额度较大的设计变更等，需与招标人、设计充分协商，按各方约定的特定审批程序处理。

2. 造价管理方面

重点审核施工组织设计和施工方案，并进行技术经济分析，合理开支施工措施费用并按合理工期组织施工，对重大的设计变更提出经济比较意见。

利用友谊咨询造价大数据平台的数据积累对施工单位所提交的材料报价清单进行多轮复核，可杜绝高报价或不平衡报价情况的出现。

3. 进度管理方面

抓紧前期各项工作的推进，协助业主办理各项审批手续。

建立健全"三级计划"体系，安排计划管理人员编制总控制进度计划，并将此计划在所有参建单位中层层分解、步步落实。

通过合同管理落实工期目标控制奖惩制度，使所有参建单位都能够对进度工作的重要性引起足够重视，充分调动积极性、发挥能动。

主要管理人员对总控制计划的执行情况实时进行跟踪，出现关键线路异常迟延情况，及时预警并做出调整，避免出现进一步拖延。

4. 质量管理方面

集团总工办多名资深注册专业工程师对设计方案及施工图进行审核把关，同时针对项目开展过程中的技术问题进行解决。

建立"质量管理体系"，保证项目管理工作各项目标的实现。定期对项目开展巡检，对出现的问题及时整改闭合。

利用友谊咨询BIM中心及智慧工地中心，在项目管理过程中运用相关技术，项目中质量问题的检查与整改更为直观有效，大大提高了项目管理的效率。

（二）设计服务

1. 地下工程结构选型对比及成本优化

分析不同地下工程结构的优缺点，选择最佳结构方案。如从柱跨、柱子截面尺寸、梁高（含板厚）、停车效率、景观覆土厚度等方面对比传统柱跨方案、小柱跨方案和大小柱网，在满足本项目使用功能的前提下，采用小柱跨结构在成本控制方面有较大优势，每平方米建筑面积含钢量可减少约20kg，整个地下室部分可节约钢筋734000kg，减少覆土厚度约300mm，节约成本约600万元（表1）。

不同柱网形式选型比较表　　　　　　　　　　　　　　　　表1

柱 网 选 型				
	传统柱跨方案	小柱跨方案	备注	大小柱网
柱跨	8.1m	5.3m（5.2×5.9+52x）	传统方案一个柱跨停车三辆，小柱跨一个柱跨停车两辆（车道净空要求5.5m，车位尺寸为2.4m×5.3m）	7.8m（8.1m）×[60（车道跨）+5.1（车位跨）+5.1（车位跨）]
柱子截面尺寸	600×600	一层400×400，二层400×500	柱子部分两方案的含钢量和混凝土量没有太大区别	500×600
梁的高度（含板厚）	主梁350×1100　次梁250×700	主梁300×900　无次梁	钢筋和混凝土部分有较大的节约	采用单向双次梁主梁高300×900，次梁250×700
停车效率	约35m²/车	约35m²/车	两个方案的停车效率差不多	与传统柱跨一致
小结	优势：1. 小柱跨在成本控制方面有较大优势，一方面根据经验值，每平方米建筑面积含钢重可减少约20kg整个地下室部分可节约钢筋20×36700=734000（kg）可节约成本约734×6500=477万 2. 由于控制梁高和板厚，可减少地下室埋深约20~300mm，加上覆土厚度减少到300mm，整个地下室可减少埋深约500~600mm，土方可节省约120万 劣势：小柱跨方案由于柱子较密，空间观感不好，同时空间可变性较差，不利于用于停车以外的其他功能成本方面排序：小柱网—大小柱网—传统柱跨			优势：1. 能保持一个柱跨停三辆车的大开间 2. 在车位进深方向增设一排柱能有效减少地下室单位面积含钢量，综合建安成本为大柱网的85% 3. 同时可较好地控制梁高，减少地下室层高200~300mm

针对桩基础，分别分析不同桩端持力层人工挖孔桩、旋挖桩、预制管桩的承载力以及成本费用，最终选择人工挖孔桩作为基础，并将一般人工挖孔桩采用中风化层作为桩端持力层更改为采用强风化层作为桩端持力层，每根挖孔桩长度可减少约10m，对成本节约非常有利。

2. 机电专业设备选型对比分析

根据项目需求，综合使用功能、耐用性、安全性、节能、环保等技术要求，提供多种可供选择的设备选型方案，详细分析各方案优缺点，如表2所示。如从系统比较、设计特性、舒适性、控制性能、占用空间、施工安装难易度、投资、运营维护等方面对比分析空调制冷系统的VRV系统与螺杆机组系统，最终决定塔楼采用螺杆机组系统，裙楼采用VRV系统，达到适用性和经济性的最佳结合。

3. 绿色建筑分析

按照绿建要求，根据本项目总平面图以及其他相关资料对日照、室外风环境和地下室采光进行分析。结合周边建筑环境，在满足规范要求的前提下，尽量优化建筑布局形态，提供更优的采光和通风环境，此外对地下室采光井的布置进行合理优化，满足采光和景观要求。

4. 设计优化

设计完成后，使用BIM技术对设计图纸进行审查校验，减少设计失误，优化设计图纸。经过碰撞检测和管线综合，合理布置管线走向和设备安装位置，出具预留洞布置优化图纸，指导施工开洞工作，保证机电安装的美观性以及满足安装检修的空间要求。对地下室的车道、车位等关键部位的净高进行分析和优化，提供最优的行车空间。经过一系列BIM深化设计，将问题前置，提前规避，减少返工、变更，极大节约了成本，缩短

了工期。

（三）全过程造价咨询服务

1. 项目投资估算及经济性评价

根据项目定位、规划条件和初步设计方案，确定本项目的使用性质、建筑密度、容积率、绿地率、建筑限高等，结合项目投资收益水平由造价咨询项目部分别进行住宅和商业投资估算。经过几版方案优化和比较，使得投资估算结果更加合理、经济，为项目设计阶段执行限额设计提供了基础数据。

2. 成本测算管理

各服务阶段开始之前，由造价咨询项目部根据设计图纸和相关资料编制成本测算表单，根据测算结果控制工作内容的支付价款，经过多轮强排，配合业主控制投资风险。

3. 施工方案综合比选

本项部采用装配式建筑，分别分析非铝膜、非装配式，铝膜、非装配式和铝膜、装配式三种不同施工方案下土建专业、安装专业的单方造价金额、单方造价指标的差异。为业主或施工单位选择模板和装配式的施工方案提供经济性参考，协助实现最高效、最节约的施工方案。

4. 成本动态管理

详细审核施工单位提交的中期支付工程量，利用BIM技术直接提取已完工程量数据，结合造价咨询部门采集的实时询价结果进行组价，严格控制工程款支付管理。

实行设计变更限额控制，要求设计人员按照设计或非设计原因两种表格填写设计变更单，并计算出变更对投资的增减数，然后由设计、监理按照规定的权限报有关部门审批。严格按设计图、规范要求和合同进行监理，预测可能发

生索赔的诱因，制定防范性对策，减少向业主索赔的情况发生；严格控制施工图以外的工程量，慎重对待工程变更和设计修改，任何单位和个人均不得擅自做设计变更处理；及时对已完成工程进行计量，及时掌握市场价格变动情况，做到及时审价。

按季度、月度进行成本动态分析，对已完工程量运用三算对比法、赢得值法等详细分析，同时和类似项目同等工作内容进行分析比较，了解成本能力和存在的问题，制定相关成本控制措施。

（四）工程监理及工程管理

1. 进度管理

抓管线综合平衡：将机电各专业施工图的送排风管、新风管、空调管线、消防喷水管、电缆桥架、密集型母线和照明弱电管线绘制出综合管线平衡图，经设计确认再列入施工计划，解决管线平衡问题，一次成功到位避免管线施工返工浪费材料和延误工期。

在施工单位招标前，对接口问题明确界定及制定出管理程序。明确各施工单位、各工种、各系统之间的接口划分，有利于编制施工招标文件，有利于施工单位精心组织施工。在工程建设中，由于界面划分不合理、不明确，造成施工单位之间相互推诿、扯皮，严重影响了施工进度。因此，应采用列表法，对土建、机电、装修之间以及其内部各系统之间的接口进行排查、分类、归纳。制定较为详细的接口管理实施程序及细则，以有利于工程参建各方进行管理。

2. 质安管理

利用BIM项目管理平台，约定不同人员的使用权限。采用手机移动端，实现质安问题的闭环管理，所有资料信息储存在APP内，同时移动端和项目管理

空调制冷机组选型对比表　　　　　　　　　　　　　　　　　　　　　　　　　　表 2

内容		VRV系统		螺杆+锅炉机组系统	
系统比较	系统组成	◆室外机+室内机（冷媒配管连接）		◆螺杆机组+末端装置+水泵+冷却塔	
	冷却方式	◆冷媒→空气		◆冷媒→水→空气	
	冬季运行	◆冬季需考虑防冻运行问题		◆冬季供暖稳定，无须考虑环境对热源影响	
	应用场合	◆应用广泛，从小规模到大规模都可以使用，但有管长限制		◆一般使用在大规模场所	优
设计特性	设计内容	◆只有室内、外机和冷媒管、冷凝水管的布置，设计简单		◆系统中设备多，需要详细的水利计算，若使用全空气系统则需要详细的空气阻力计算，因此设计复杂	
	建筑设计相关	◆在建筑物设计初期仅需考虑室外机的摆放位置以及管路走向、管道井位置，设计自由度高		◆在建筑物设计初期必须考虑主机及冷却塔的摆放位置、管路走向、管道井位置、是否需要空调机房、其他附件安放空间等内容	优
	系统追回	◆系统追加方便，独立系统的追加可灵活对应用户的需求	优	◆系统追加相对困难，直接导致主机容量以及整体系统发生变化	
	管路长度	◆存在一定的室内外机距离以及高低差的限制，设计时需要考虑外机摆放位置、系统划分、管长衰减等相关因素		◆不存在主机与末端管长的限制，但管路长	优
舒适性	温度	◆直流交速压缩机控制温度精度较高		◆温度控制精度较高，一般通过三挡调速开关调节风扇的大小	
	新风	◆可提供相应的新风设备 ◆过渡季节可进行全新风运行，全热交换器较全新风机的节能性表现更为突出		◆空调箱已加入新风，风机盘管需另配新风设备系统 ◆过渡季节可以进行全新风运行，节能性良好	
	室内机形式	◆形式多样，可根据用户需求灵活选择		◆形式多样，可根据用户需求灵活选择	
控制性能	冷暖切换方式	◆冷暖切换由室内机遥控器进行，切换方便		◆冷暖切换必须由主机和锅炉两个设备分别实现，并且由专业人员操作，过程复杂	
	个别运转	◆单独控制，方便不同房间的需求，也适用于个别运转，如:工作外的个别加班 ◆各模块容量较小，最小启动容量更小更精确，最大限度避免低负荷时的能源浪费 ◆在部分负荷情况下，通过定频压缩机和变频压缩机相结合的方式，体现高节能性	优	◆集中控制，个别运转要求其一套管路系统同时运作，多余的冷量系统做旁通处理，从而造成浪费 ◆系统容量庞大，最小启动容量较大，造成使用不便且低负荷时的节能性不高 ◆在部分负荷情况下，通过减少主机和一定限度的容量调节达到节能目的	
	集中控制	◆可提供配套的集中控制系统 ◆只需控制室内机、室外机，布线简单 ◆控制系统调试相对简单 ◆可提供功能全面的监控系统		◆可提供配套的集中控制系统 ◆控制系统调试复杂 ◆可提供功能全面的监控系统	
	分户计费	◆可根据回风温度、时间、膨胀阀开启度、额定耗电量各个因素，较为公平地进行电量划分	优	◆按照面积平均分摊，精度差	
管道	管道	◆管径小，施工简单	优	◆管径粗，施工复杂	
	周期	◆施工期短 ◆可以分批进行局部安装	优	◆施工期较长 ◆要求整体系统一次性全部安装	
	要求	◆对于安装的要求较高，如保压、焊接等		◆对于安装的要求较高，如检漏、焊接等	
占用空间	室外机	◆室外机不需要设备机房，但因单台室外机能力有限，需占用太多屋面位置，影响整个屋面布局 ◆因管网长度限制，常见建筑（100m左右）室外机需在屋顶和裙楼分开设置 ◆屋面凌乱		◆主机设置在机房内 ◆冷却塔较大，占用屋顶或地面空间	优
	室内机	◆室内机所需吊顶空间较小 ◆出风口压力较小，室内机冷负荷取值较大		◆室内机所需吊顶空间较多 ◆出风口压力较大，可按负荷计算书取值	优
维护管理	专业人员	◆无须专业人员管理	优	◆需要专业人员管理	
投资	投资	◆初投资比较大（500元/m²）		◆初投资相对于VRV便宜（300元/m²）	优

平台相挂接，具体问题会直接显示在模型的相关位置，便于后期查看。

3.信息管理

在 BIM 管理平台中，可对单个构件进行二维码导出，使用手机端扫描二维码可快速查询构件信息，便于施工现场管理。

利用友谊咨询全过程工程咨询管理系统在项目实施过程中不断收集、整理项目资料，保证项目整个过程所有相关技术、合同、图纸、施工、进度、质安等数据资料的完整，为决策管理、工程款支付、竣工结算、项目档案管理做好前期准备。

4.无人机远程监控系统

使用友谊咨询的无人机远程监控系统，对项目实施过程的现场情况进行全方位、全角度的监督检查。在进度跟踪、环境保护、人员管理、危险部位安全检查等方面极大提高了工程监管力度，保证了工程质量。

本项目属于高层群体建筑，施工过程中存在众多管理死角。采用无人机监控系统能及时获取作业状态通过视频图像识别，排查现场存在问题，快速采取应对措施，确保施工安全。同时利用互联网手段，将无人机拍摄资料及时回传，相关人员在线查看画面展示，及时发现问题，提高隐患排查效率。

四、服务的实践成效

通过本项目的实施，总结商品房类项目的全过程工程咨询服务项目的实施经验如下：

（一）以精细化设计挖掘项目价值

从技术、性能、经济等多角度对设计方案进行优化对比分析，选择最佳方案。利用 BIM 技术等新型技术手段，辅助设计方案展示和优化，减少各专业错漏碰缺，进行管线综合优化，预留洞布置优化，施工工序和方案的模拟，在项目前期解决可能存在的技术类风险，提高后续阶段实施效率和质量。本项目在设计阶段通过结构基础、土方开挖、外立面材质、设备选型等多方面的比选分析，采用效果最佳、经济最合理的设计方案，最终节约成本约 2300 多万元，通过 BIM 技术深化设计，减少后期变更返工，节约工期 82 天。

（二）以全过程造价管理严控投资成本

造价咨询服务从项目规划阶段开始介入，通过投资估算控制设计限额；对设计方案进行经济性分析，提出优化建议，从源头控制成本投入；施工阶段实行动态成本跟踪管理措施，从成本测算、工程量审核、中期支付管理、成本动态信息分析、变更签证管理、合约动态管

理等方面及时收集项目资料数据，进行整理分析，为决策层决策提供参考依据，并提出适当优化建议；前期收集的造价信息资料是竣工结算的重要依据。整个全过程造价管理实现信息资料的传递使用，前期数据为后期决策提供依据，后期信息为前期优化提供支撑。本项目通过全过程的造价管理，项目施工图预算较投资估算减少约 435 万元，实际成本较预算成本减少约 620 万元。

（三）以创新的全过程咨询服务模式提升项目品质

传统监理模式结合物联网、无人机、大数据等信息技术，全角度、全方位进行监管服务；规范全过程咨询服务内容，标准化工作流程，实现高质量的服务水平；及时跟踪项目建设情况，加强进度、质安、文明施工、环境保护等方面的管控力度和精细度。在本项目实施过程中，完整保存了施工过程资料、文件和相关视频资料，减少了工程审查过程中的推诿、扯皮现象，极大提高了工作效率；施工过程中无事故发生，且机械设备、临时用水用电设备使用更规范，未出现安全隐患；智能化的监理模式提供的数据资料，使得管理层的决策依据更充分、更直接，为推进项目顺利实施提供了良好的基础。

慈城新城片区海绵化改造工程
全过程工程咨询服务实践情况总结

刘洪闯

宁波市斯正项目管理咨询有限公司

一、全过程工程咨询项目概况

2016 年 4 月，宁波市成功入选国家第二批海绵城市建设试点城市，总面积 30.95km² 的试点区位于姚江流域北岸。慈城新城区位于姚江上游，开发建设前，主要为农田，地势整体较低，易受洪涝灾害袭扰。2017 年，慈城镇对新区进行了二期提升改造，主要内容为慈城新区已建成住宅小区、公建海绵化改造、水系综合整治等（图 1）。

（一）项目概况

1. 项目名称：慈城新城片区海绵化改造工程；

2. 工程造价（建安部分不含勘察设计费暂估）：10023 万元；

3. 建设地点：项目建设区域为新城范围，东至狮子山，西到中横河，北到慈江，南至慈南街，该控制单元规划总用地面积 4.95km²；

4. 建设规模：本项目由住宅小区及公建海绵化改造、水系整治、农业整治、景观提升等组成，改造范围包括维拉小镇、万科云鹭湾、绿地碧湖花园等小区 3 个，慈城中学及妇儿医院北部院区等公共建筑 2 个；景观提升面积约 915000m²；中心湖及周边河道水质提升，农业整治

约 850000m²；

5. 资金来源：海绵专项资金，不足部分由公司融资解决；

6. 项目管理期限：自签订项目管理合同之日起，至工程竣工验收通过，质保期满之日止。

（二）全过程工程咨询组织架构

参见图 2 全过程工程咨询组织架构。

（三）全过程工程咨询服务范围

负责实施建设全过程项目管理，其中项目管理服务范围具体含建设工程前期手续代办、综合协调管理、设计管理服务、合同及台账管理、现场管理服务、

施工竣工验收、项目决算报审、质量缺陷责任期阶段相关服务工作、专项咨询服务、协助财务工作等。其中专项咨询服务含工程监理、项目管理过程中的招标代理（除已完成的设计、施工招标以外，含政府采购）、全过程工程造价控制咨询（工作内容含含预算编制或审核、过程跟踪造价控制、结算审核及决算编制等），其中监理服务范围指本项目的施工全过程工程监理及质保期阶段工程监理，施工阶段工程质量、进度、投资控制，合同管理和信息管理以及组织协调，安全、文明施工监控，环境保护等监理工作。

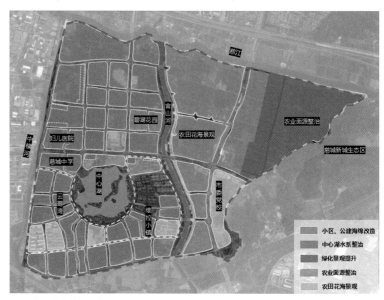

图1 项目改造范围示意图

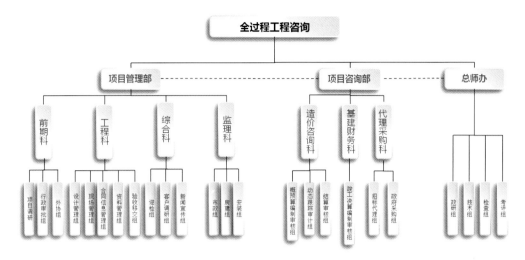

图2 全过程工程咨询组织架构

二、全过程工程咨询实施情况

（一）合同管理情况

本项目主要采用全过程工程咨询+EPC建设管理模式，具体工作如下：

1. 起草招标文件、审查各种投标文件；

2. 负责各种合同文件的起草、洽商共13份；

3. 协助委托人与各中标单位商签施工承包和设备采购合同，负责合同台账的建立；

4. 协助委托人对建设工期及建设投资进行控制；

5. 负责合同评审和合同履行过程的监督和履行结果的评价工作；

6. 跟踪设计变更及施工联系单的实施过程，做好费用控制工作，建立变更及联系单台账；

7. 依据项目总控计划及合同，编制年、月度资金使用计划，并及时调整、纠偏，建立合同支付台账；

8. 负责合同履行过程中发生的工期索赔的审查工作。

（二）设计管理情况

协助完成委托人就设计单位出具的施工图设计、地质勘察等专项设计，提供协调与配合等管理服务。本工程共主持设计交底6次，针对各种设计变更提出审核意见。组织参加设备选型、设计优化等研讨，主动提出各项合理化建议。编写功能要求说明书、功能满足情况分析书、各阶段及各专项设计任务书等，做好各项设计任务界面划分、设计条件提供、设计要求明确等工作，掌控设计进度，做好设计文件研读和初审，对设计图纸"差""错""漏""碰"等问题进行汇总并协商设计进行修改等，负责设计报批审核及外部协调。

（三）报批报建管理情况

1. 办理施工图审批手续；

2. 办理质监、安监手续和建设工程施工许可证；

3. 办理交通、公安、环保、水土保持、水利等有关政府的相关建设手续；

4. 办理施工现场临时用水、用电手续，管理场地平整工作；

5. 协助委托人协调工程施工所需的与政府主管部门及周边环境的关系；

6. 协助委托人组织建设项目竣工验收，办理工程验收备案手续，并将验收合格的项目在规定时间内向使用人办理移交手续；

7. 完成竣工备案、档案移交和工程结算等工作。

（四）招标采购管理情况

1. 与委托人协商招标、政府采购相关事宜；

2. 编制招标文件、政府采购文件、招标申请备案；

3. 发布招标公告、政府采购公告，接受投标单位报名；

4. 召开招标预备会及负责相关答疑（如有）；

5. 组织开标、评标会议；

6. 发放中标通知书、投标情况报告备案；

7. 起草或审核中标合同，协助中标合同备案。

（五）投资控制情况

1. 本项目投资估算15652.24万元，概算投资14061万元，实际完成投资额约1亿元。在项目实施过程中发现中心湖水质较差，市政排水管破损严重，经协商讨论，区政府会议通过后，追加概算投资1300万元，其中市政管网检测疏通费及部分市政管道的修复费用1115万元，设计、监理及项目管理费等工程建设其他费185万元。调整后的概算投资由12761万元调整到14061万元，其中工程费用调整到11460万元。

2. 按合同约定及时审核、支付工程各类款项23项。

3. 针对工程变更单和工程签证单及时组织各参建单位进行协商，按规定流程办好变更手续，共审核工程变更单56份，无价材料121份。

（六）进度控制情况

1. 根据合同约定的工期编制最优的施工总进度计划，并逐层分解编制月进度计划及周进度计划，并确定关键工序或关键工作的时间节点。

2. 本项目为EPC总承包合同，施工图分批次送审，合同工期200天，实际开工日期为2017年11月1日，计划完工日期2018年5月19日。由于中心湖旁流处理工程及中心湖水体治理工程的选址、设计方案选择讨论等原因导致总工期推迟。中心湖旁流处理工程建设单位通过多次讨论并经杭州考察后，于2018年4月25日确认项目正式选址，2018年5月完成地勘后着手施工图设计并于2018年7月9日进场施工，因中心湖旁流处理工程为本工程关键工序，施工周期最长，计划工期为190日历天。

（七）质量控制情况

工程建设严格实行质量控制，审核施工方案23份，各类检查20余次，下发监理工程师通知单5份，工作联系单6份。工程施工阶段，及时组织施工图、综合管线交底等工程协调会议。在施工过程中我们强调施工现场的管理，对工程

中各道工序，要求施工、监理单位必须严格按照设计要求和施工规范及验收标准进行施工和验收。针对本项目特选景观树（丛生沙朴、沙朴、无患子、美国红枫、香樟等）施工单位多次组织参建各方对苗木基地进行考察。在参建各方的大力支持和共同努力下，工程安全质量状况良好，符合有关的各项规范规定。

（八）安全生产管理情况

根据本工程的特点，对工程中存在的重大危险源等安全因素和环节进行了重点把控、措施挂牌上墙，并审核各类专项施工方案，确保工程施工安全，共组织各项安全检查63次。项目部建立了安全生产责任制，按合同要求配备了专职安全员，施工现场挂设安全操作规程；施工单位与各个班组签订安全生产责任书，明确安全生产指标，制定安全保障措施。针对工程施工实际情况进行岗前安全教育培训，提高工人的安全文明施工认识，增强工人的自我保护意识，对所需特殊工种的作业人员按要求持证上岗。合理规划施工作业区和各种材料的堆放区域，做到材料堆放有序，标牌标识完整清晰。做好工地的扬尘控制，要求施工单位按照工地扬尘控制的有效措施，及时安排好相应工作，对易产生扬尘的材料堆放场地需进行覆盖，对会产生扬尘的道路应及时进行洒水，达到控制扬尘目的。

（九）其他咨询服务情况

1. 监理服务方面

1）编制监理规划、监理实施细则及旁站监理计划，主持召开第一次工地监理会议和常规工地监理会议，参与设计交底工作，签认开工报告。

2）审查承包人提交的施工进度计划、施工组织设计、施工实施专项方案，审批各项安全专项方案，督促和检查承

包人建立加强质量保证体系、安全保证体系。

3）审查承包人授权的常驻现场代表以及其他主要技术、管理人员的资质；审查特殊作业人员上岗证件；验收承包人的工地实验室，审核其人员资质。审批施工承包人拟用于本工程的原始材料、设备的品质以及工艺试验和标准试验等；审查施工承包人拟用于本工程的机械设备的性能与数量。

4）建立监理的试验、检测工作体系，按照规定的频率独立开展监理的试验、检测工作；要求承包人按照合同条件、技术规范和建设工程程序进行施工，通过旁站、巡视、检测、试验和整体验收等手段全面监督、检查和控制工程质量。

5）审核变更的工程量并签署意见；对上报进度款的工程量进行初步审核后，交委托人最终确认；对已完成工程进行准确的计算，对工程量的增减做好实测实量，保存好原始凭证，并接受委托人代表监督，其中重大工程量的计算按施工合同约定；出具由相关造价人员签认的工程款及其他费用支付凭证。

6）编制监理工作周报、月报及委托人要求编制的报表（或文件）等，并在每周一、每月25日前向委托人递交。

7）对承包人的交工申请进行评估，主持对拟交工工程的检查和验收；督促、检查承包人按工程管理部门和委托人的要求编制竣工文件，审核竣工文件和竣工图，配合审计，并做好归档工作；编制工程监理的竣工文件；配合委托人做好竣工验收、工程移交和各种预验工作，督促整改意见的落实；配合委托人做好工程结算审计工作。

8）对承包人的项目负责人及现场监理人员进行考勤。

9）工程完工后，向发包人提交施工履约评估报告。

2. 全过程工程造价控制咨询方面

项目管理人提供的主要造价咨询服务为预算的编制或审核、施工阶段全过程工程造价控制、竣工结算的审核、竣工决算的编制等，具体工作内容如下：

1）制定造价控制的实施流程，对承包人报送的工程预算进行审核，确定造价控制目标。

2）根据本项目所有施工承包合同、进度计划，编制资金使用计划书。

3）参与造价控制有关的工程会议。

4）负责对承包人报送的每月（期）完成进度款月报表进行审核，并提出当月（期）付款建议书。

5）相关方提出索赔时，依据合同和有关法律、法规，提供咨询意见。

6）协助委托人及时审核因设计变更、现场签证等发生的费用，相应调整造价控制目标，并向委托人提供造价控制动态分析报告。

7）核定分阶段完工的分部工程结算。

8）对施工中委托人供应材料、设备的采购及指定分包价格提供咨询意见及提供与造价控制相关的人工、材料、设备等造价信息和其他咨询服务。

9）审查承包人的竣工结算并编制结算审核报告。所有施工合同履行后60天内，项目管理人完成竣工结算内部预估报告；及时组织各施工合同的结算审核，提高竣工结算审核质量。

10）配合最终的项目审计。

三、全过程工程咨询服务过程中遇到的难点及解决措施

（一）设计管理

本项目为EPC总承包模式，因现场的不确定性等因素，为前期调研、出图的可实施性等带来了一定的挑战，需要花较多的时间去现场排查。

通过建设、施工、设计、项目管理等参建各方的共同努力，与社区多次沟通协调，结合小区图纸对现场排摸后，采用分批出图的方式，既确保了施工进度，也避免了因出图的不准确而造成返工或无法施工的情况。

（二）小区协调

小区开挖施工，离既有建筑物较近，且管线（电力、燃气等）较多，给施工带来了一定的困难，通过与社区物业、居民等多番讨论与协调，最终确定采用人工开挖的方式进行施工，确保施工安全。

（三）进度管理

为研判中心湖旁流处理工程建成后是否能达到预期效果及选址等问题，参建各方及相关部门去杭州市西湖水域管理处环境监测室针对中心湖旁流处理工程方案进行实地调研，确定了各项指标，后经各部门召开选址专题会，考虑各方面利弊后，最终得以确定实施。

四、全过程工程咨询实施体会

本项目推行全过程工程咨询管理，避免了传统监理工作中重"质量安全"轻"进度投资"、造价咨询中"重投资控制"轻"进度安全"的现象，真正做到把"三控两管一协调"及安全生产管理有机结合。

全过程工程咨询管理的推行将传统管理中建设单位、监理单位及造价咨询单位等多方合同主体的外部协调转为咨询企业内部的工作流程及组织协调，由事中、事后控制转变为事前控制，大大减少因多头的合同管理造成工作上的推诿扯皮现象及其带来的协调工作。

以设计管理为切入点助力医疗项目
全过程工程咨询服务

石江余　马　爽
重庆赛迪工程咨询有限公司

摘　要： 人民群众生活水平不断提高，为了满足社会资源平衡性，目前医院建设逐渐增多。2019年3月，国家发改委和住建部发布《关于推进全过程咨询服务发展的指导思想》（发改投资〔2019〕515号）提出以投资决策咨询促进投资决策科学化[1]。笔者基于医院项目全过程咨询管理的经验，深入分析如何以设计管理为切入点助力全过程咨询服务。

关键词： 设计管理；医疗项目；全过程咨询

一、工程概况

某医院项目新建建筑面积 70 万 m²（地上建筑面积 49 万 m²，地下建筑面积 21 万 m²），规划总床位数 3200 张。根据项目可行性研究报告的批复，项目总投资估算约为 70 亿元。资金来源为政府投资。项目包括七项基本设施用房、国家级保健康复中心用房、公共灾难救治中心用房、科研用房、教学用房等[2]。该项目将致力于建设成为国际一流的医教研产协同发展的医学中心。

二、设计管理目标及核心

（一）设计管理目标

医院项目的设计和管理要体现"治病救人、救国救世"的文化精神；统筹规划，综合设计；做到分区合理、流线清晰、交通便捷；实现医教研产协同发展并满足各项基本建设规范。建立超大型综合医院设计典范，打造智慧化、数字化医疗设计示例。

（二）设计管理核心

设计管理应利用项目管理相关理论来实现建设项目的目标，合理规划、组织和控制项目任务的实施过程。项目管理的基本要素是通过控制建立一个理想的项目管理体系，对一系列项目设计活动进行全面的规划、协调和监控。通过总结和评价，与项目参与方建立全面、良好的工作关系，有效地控制建设项目管理各个阶段的投资、质量和发展目标，实现了项目的建设目标[3]。

三、设计单位招标策划

在综合考虑设计各阶段之间的衔接后，本项目设计工作分两阶段招标：方案设计及建筑专业初步设计、初步设计（建筑专业除外）及施工图设计。首先进行方案设计及建筑专业初步设计的国际招标，方案确定后再进行初步设计（建筑专业除外）及施工图设计单位招标。对医疗专项设计，由设计总包单位进行专业分包，业主方保有参与确定选择专业分包的权利，设计总承包对专业分包进行统一协调管理。

四、设计管理主要步骤

（一）前期策划

1. 编制设计管理工作大纲。

2. 与各个板块建立明确有效的沟通协调机制；成立项目组织及人员架构；明确设计管理目标、管理制度、管理模式、管理方法等。为设计管理工作提供指导。

3. 确定设计里程碑节点。

4. 结合项目工程建设总体进度计

划，确定设计里程碑节点，配合使用方进行医疗专项需求调研。

5.编制设计分工表，由于本项目设计工作由两家单位共同完成，所以明确设计单位各方分工，包括设计总包之间及与专项设计分包界面划分至关重要。

（二）开展设计管理工作

1.协调各方对已有设计文件、设计样板进行确认，组织与设计相关的专题会议、周例会，建立重大问题协调沟通机制，及时与使用方沟通设计进展。

2.设计管理团队在研读前期资料基础上，积极与使用单位进行沟通协调，在方案设计阶段先确定一级医疗工艺流程，以总体把控方案，再确定二级医疗工艺流程，以进一步明确结构与医疗工艺的关系。为此，由建设单位、全咨单位、设计单位牵头成立医疗需求调研小组，对使用方医疗需求进行分析论证，并进行多轮有效沟通。全咨单位医疗工艺咨询专家全程参与，以确保最终与使用方达成共识。

3.建立完善的专项设计管理制度，严格把关实验室、净化、医技科室、射线防护、医用气体、智能物流、中央纯水等医疗专项设计。按照法定程序对专项设计进行评审，确保其质量、深度及合理性。同时兼顾智能化、泛光、虹吸雨水回收、停机坪、太阳能、装配式、BIM、绿色建筑等常规专项的设计。

4.根据设计管理方案及项目总进度计划，及时督促设计单位提交符合质量及深度标准的设计文件，并对设计文件进行质量审查。审查关注点主要为：设计错误、设计疏漏、各专业之间的设计矛盾、可建造性、实用性、经济合理性、法律法规的符合性等。

5.组织设计单位对进场施工单位进行设计交底，严格把控设计成果的落实，保证项目功能需求的实现。制定相应设计会议制度。为确保施工顺利进行，建立合适的设计与实施阶段参建各方沟通机制，协调解决施工中遇到的设计问题。

（三）落实限额设计

在注重技术先进性的同时，兼顾经济合理性，做好初期可研指标分解，确保设计重点突出且不突破概算。严格按照概算总批复落实限额设计要求，明确设备材料采购规格。严格执行设计变更流转审核制度，控制总体建设成本，在达成项目建设目标的前提下，实现项目建设综合性价比最高。

五、各阶段设计管理

（一）方案设计阶段管理

方案设计阶段主要确定建筑风格、总体布局、与周围环境的协调、城市交通连接、建筑指标等，并初步完成大型医疗设备选型。要做好此阶段工作，主要须做好以下几点：

1.积极与使用方沟通，了解需求，形成医疗功能规划清单，并做好医疗需求管理台账，作为方案设计的依据。

2.进行建筑布局及一级医疗工艺设计流程工作时，与使用方相关科室负责人进行充分沟通，确保功能流线满足使用方要求并取得使用方书面确认，以保证后续工作正常开展。

3.督促设计单位全面完成方案设计任务书规定的内容。有医疗专项分包的，需提供合同界面划分和工作任务分工，组织专项经济技术论证。

4.及时对设计方案进行设计审查，必要时邀请相关专家对方案进行评审并根据意见优化。

（二）初步设计阶段

初步设计文件应满足《建筑工程设计文件编制深度的规定》（建质〔2008〕216号）规定，设计图纸应考虑完善，设计应有前瞻性，充分考虑到技术的先进性及后期使用的可扩展性。

1.根据初步设计文件提供项目概算，概算应控制在可行性研究报告批复的金额内，以有效控制投资。

2.初步设计完成后，聘请第三方的专家或机构对初设进行审查。审查设计依据是否充分；各专业是否符合工程强制性条文；设计文件是否满足设计任务书和前期资料要求等。

3.医院项目专项设计较多，如洁净系统、净化系统、防辐射、污水处理、中央纯水等，全咨单位须对医疗专项设计成果进行审查，提出设计咨询意见，跟踪审查意见落实修改情况，对修改完成的设计文件进行复审。

（三）施工图设计阶段

施工图对于工程进度及质量影响占比很大，施工图的出图进度及出图质量直接影响工程的施工进度。要做好施工图设计阶段的管理工作，须重点关注如下四点：

1.按节点要求出具相应施工设计图纸，避免因图纸滞后导致施工及采购工作无法顺利开展。

2.因医院的特殊性，在进行施工图设计时可能存在部分专业设计单位还没有选择完毕。此时要做好界面划分工作，建筑设计要先行考察了解专业设计的流程要求，给专业设计创造基础的建筑条件。机电设计要给专业设计留有足够的水、电、暖通、弱电接入量，并完善区域内的消防设计，以便通过图审。专业区域内的相关施工内容需做好标记说明确暂不施工，待专业设计完善后，方可安排施工。

3. 虽然现行规定未要求对施工图设计进行强审，但考虑医院设计的复杂性，仍然建议对重要设计内容及部分专项设计聘请第三方专家或机构进行审核。在审核时，需从全生命周期费用的角度考虑设计的经济合理性。

（四）施工配合阶段

1. 督促各设计单位与现场施工的沟通联系，实时提供技术支持，对施工队伍按阶段进行设计交底，定期组织会议，根据现场实际情况，及时调整图纸。

2. 进行施工现场设计相关的技术管理及设计单位之间的界面管理。

3. 根据施工现场实际情况进行工程设计优化，对设计变更内容、深度、造价、工期影响进行审查，并出具审查意见。

4. 组织对工艺样板、样板间的审查工作，参与隐蔽验收、分部分项验收、过程质量巡查、专项验收、设计变更审核管理工作。

（五）竣工验收阶段

1. 参加预验收，审核竣工验收相关资料；协助完成竣工验收计划表的编制；督促竣工图纸的编制，完成竣工图纸审核；协助竣工结算工作；对项目设计管理工作进行总结并编制总结报告。

2. 督促设计单位对设计文件进行整理和归档，包括设计原始资料，设计条件资料、设计中间资料等。

六、项目设计管理工作心得

（一）优选设计单位。该项目是集医教研产协同发展的超大型综合医院，设计招标采用国际公开招标，择优选择国际一流医疗设计团队。

（二）建立需求快速确定机制，落实各个阶段需求管理。对一级工艺流程、二级工艺流程、三级工艺流程进行书面确认。每月定期召开联席会。在满足使用方功能需求情况下保证项目设计按计划推进。

（三）充分考虑项目总体一致性。本项目是新建二期项目，在设计阶段应对已投入运营的一期进行充分调研，了解各科室的实际需求，二期项目应与一期项目在风格上保持延续性，同时具备一定前瞻性。

（四）整合医院设计管理资源。医疗设计复杂、专项较多，设计管理强调"精前端、重后台"的，积极邀请咨询公司医疗工艺专家参与对项目成果的审核，对设计成果进行总控和指导，确保设计的合理性和经济性。让医院建成后"好管、好用"。

（五）发挥智慧建造优势。充分运用BIM正向设计等先进设计理念，确保设计可实施性和各专业间的一致性，提高设计质量。

结语

综上所述：医院项目是否成功的关键在于设计，而医院全过程咨询项目是否成功关键在于设计管理。重视设计管理可以更快推进项目，减少实施阶段工程变更，让使用方满意，并树立全咨单位企业形象和口碑。

笔者所述的设计管理并非仅组织设计单位协调沟通，还要对设计进度、设计质量、设计投资等进行综合管理，为业主提供方案设计优化和经济技术比选，对设计成果进行专项审查，让项目建设更智慧、更智能。

参考文献

[1] 蒙建波，王光曦，黄维. 工程总承包和全过程工程咨询应用十大问题初探[J]. 中国招标，2019（35）：50–57.

[2] 白依鑫. 深圳市超大型综合医院院区规划设计研究[D]. 深圳：深圳大学，2019.

[3] 陶亮. 建筑师视角下的工程设计管理策略研究[D]. 广州：华南理工大学，2019.

监理企业开展全过程工程咨询提升方向及建议

刘俊伟

国机中兴工程咨询有限公司

摘　要： 为顺应建筑行业快速发展及工程建设组织模式优化，越来越多的监理企业更名为工程咨询企业，通过业务流程重塑和咨询体系建设，拓展除工程监理业务外的产业链，积极参与全过程工程咨询。本文以国机中兴工程咨询有限公司近年在全过程工程咨询项目中的探索并结合自身实践，提出传统监理企业开展全过程工程咨询业务的提升方向及建议。

关键词： 全过程工程咨询；监理企业；工程监理

一、全过程工程咨询政策与市场环境

（一）政策环境

2017 年 2 月《国务院办公厅关于促进建筑业持续健康发展的意见》（国办发〔2017〕19 号）提出鼓励投资咨询、勘察、设计、监理、招标代理、造价等企业发展全过程工程咨询。

2017 年 10 月住建部《关于促进工程监理行业转型升级创新发展的意见》（建市〔2017〕145 号），鼓励监理企业服务主体多元化，形成以主要从事施工现场监理服务的企业为主体，以提供全过程工程咨询服务的综合性企业为骨干，培育一批智力密集型、技术复合型、管理集约型的大型工程建设咨询服务企业。

2019 年 3 月国家发改委与住建部联合发布《关于推进全过程工程咨询服务发展的指导意见》（发改投资规〔2019〕515 号），提出重点培育投资决策综合性咨询和工程建设全过程咨询。

上述意见鼓励和支持不同类型有能力的咨询企业发展成为全过程工程咨询企业。全过程工程咨询已经得到行政主管部门及行业内设计、咨询、监理、造价等单位的高度重视。国家政策的宏伟蓝图是进一步完善我国工程建设组织模式，推动我国工程咨询行业转型升级，提升工程建设质量和效益，培育具有国际竞争力的工程咨询企业。

（二）市场环境

截至 2021 年 6 月，全国工程监理综合资质企业数量为 251 家。工程监理综合资质企业数量呈现爆发性增长，许多设计院或工程公司依据自身技术优势也都申请了工程监理资质，开展工程监理或全过程工程咨询业务。

根据《2020 年全国建设工程监理统计公报》，2020 年工程监理企业年末从业人员约 139 万人，工程监理企业全年营业收入 7178.16 亿元，其中工程监理收入 1590.76 亿元，工程勘察设计、工程招标代理、工程造价咨询、工程项目管理与咨询服务、工程施工及其他业务收入 5587.4 亿元。

监理企业主营业务是工程监理，但是监理企业从业人均收入偏低以及市场竞争激烈，监理企业在积极拓展监理业务外的增值服务，全力拓展全过程咨询。

二、全过程工程咨询核心意义及要点

（一）全过程工程咨询核心意义

根据国家政策和相关指导文件，全过程工程咨询不是几项专业咨询服务的叠加，其核心意义要求全过程咨询单位拥有强大的资源和专业整合能力，在项目的全生命周期内，以全过程项目管理为载体，全面整合项目前期咨询、勘察、设计、监理、造价、招标代理、项目管理、运营维护等咨询服务，为工程建设增值。全过程工程咨询，有利于工程项目咨询的整体性、连续性和灵活性，有利于工程建设目标实现。

（二）全过程工程咨询核心要点

1. 全过程

全过程是指项目全生命周期，包含投资决策、建设实施（设计、采购、施工）、运营维护等阶段。全过程工程咨询实施以全过程项目管理为过程载体，可综合考虑，为项目整体目标服务，更契合全过程工程咨询的全过程要求。

2. 全过程工程咨询业务类型

从完整的全过程工程咨询定义上，全过程工程咨询企业独立承担项目全过程全部的专业咨询服务，包括前期咨询、勘察、设计、监理、造价咨询、招标代理、项目管理、运营维护咨询等业务。

因建设单位需求及咨询企业能力优势不同，部分咨询项目不能完全达到上述全过程工程咨询定义。根据行业主要观点，广义上全过程工程咨询即"1+N"模式，全过程项目管理＋包括但不限于：投资咨询、勘察、设计、造价咨询、招标代理、监理、运营维护咨询等专业咨询中的一项或几项。

3. 全过程工程咨询企业能力基本要求

开展全过程工程咨询的监理企业应当建立与其咨询业务相适应的专业部门及组织机构，配备结构合理的专业咨询人员，培养能力全面的总咨询师，在总咨询师统筹策划下，不同专业的咨询工程师分工协作，为建设工程决策和管理提供的智力服务。咨询工程师是从事工程咨询业务的核心竞争力，各专业咨询工程师数量和质量决定了全过程工程咨询团队的能力水平，也决定了其所提供的全过程工程咨询和管理成果的质量和水平。

三、监理企业开展全过程工程咨询分析与建议

从目前提供全过程工程咨询的主体来看，能够提供项目建议书、环境影响评价、可行性研究报告的咨询企业，在项目建设前期决策阶段有较高的优势；造价咨询企业开展全过程工程咨询主要侧重全过程造价咨询；勘察设计院或拥有设计团队的监理企业在设计优化、设计咨询、技术审核方面拥有较强的优势；传统监理企业所提供的全过程咨询服务，侧重在项目实施阶段提供项目管理服务。

（一）监理企业存在问题分析

根据《2020年全国建设工程监理统计公报》，监理企业从业人均营业收入为51.64万元（包含工程总承包等业务平均收入），从业人均工程监理收入为11.44万元。技术附加值更高的全过程工程咨询业务是监理企业急需开拓的方向。

大多数监理企业开展全过程工程咨询的后发优势为有丰富的项目管理经验，项目管理经验又大都局限在建设项目的实施阶段，监理工程师的视角，缺乏建设项目决策阶段的参与、总体策划和部署经验、资金规划编制和决策能力。

大型综合监理企业拥有设计团体和BIM团体，开展了技术含量较高的工程项目管理与咨询、工程总承包、工程代建等业务。大型综合监理企业参与项目的定位更高，人才储备更充分，在全过程工程咨询业务拓展上更有优势和竞争力。

（二）分析资源优势，提供特色、专业的咨询服务

监理企业开展全过程工程咨询，要分析本企业主营业务和资源优势，依靠主营业务和资源优势扩展延伸。监理企业在做好工程监理主业的同时，选择性地拓展项目建议书、可研编制、报批报建、造价咨询、招标代理、BIM咨询、全过程项目管理等专项咨询服务。有条件的监理企业可组建设计团队，更好地开拓设计咨询、设计优化、设计管理等业务。监理企业开展全过程工程咨询一定要形成特色优势，提供高附加值专业化咨询服务。

（三）区分全过程工程咨询与全过程项目管理

工程咨询是专业技术成果，与全过程项目管理有本质区别，通过全过程项目管理实现全过程工程咨询成果的落实和应用，同时优质咨询成果又是科学项目管理的支撑。监理企业在咨询服务各个阶段要做好属于建设单位义务的建议和风险预判，做好咨询单位免责评估，分析建设单位实际需求，根据咨询合同和技术标准，提供符合项目实际需求的咨询成果；否则会增加工作难度和弱化咨询效果。监理企业应该避免以全过程工程咨询的名义做成了纯粹的全过程项目管理。

（四）定位准确，时刻提醒监理思维

监理企业开展全过程工程咨询，同时承担或不承担本项目工程监理服务，不管哪种形式都需要正确处理全过程工程咨询和工程监理的工作关系，全过程工程咨询服务要区分咨询团队、项目管理团队、监理团队的职责划分，尽可能避免陷入监理思维模式。

四、监理企业开展全过程工程咨询深耕方向

（一）工程项目建设全流程重塑，构建企业全过程工程咨询体系文件

监理企业主营业务是工程监理，监理企业管理经验优势属于实施阶段项目管理范畴，开展全过程工程咨询需要完整研究和梳理工程项目建设的全流程，以建设单位视角分析建设项目的全部内容，分析相关工作的具体流程和工作标准（深度），初步建立企业全过程工程咨询体系文件。通过工程项目建设全流程重塑，在本企业全过程工程咨询体系文件基础上，进行全过程咨询服务任务分解及清单梳理，建立和规范相关标准文档及表格，编制各阶段具体工作细则、工作流程、工作标准，并与各相关方的工作协调一致。

（二）组建全过程工程咨询战略支持单元

监理企业开展全过程工程咨询，有可能需要提供编制项目建议书、环境影响评价、可行性研究报告、全过程造价咨询、勘察设计、设计优化、设计咨询、技术审核、招标采购、项目评价、运营维护等一揽子咨询或咨询成果审核。需要监理企业进行深度布局，组建战略支持单元（例如决策咨询、设计咨询、投资咨询、招采咨询、评价咨询、BIM等专项咨询团队），确保能够提供优质的咨询成果。

对于专业性较强的咨询业务，可以采用联合体或分包的模式；对于目前无法承揽的业务，可以建立战略合作伙伴关系。通过企业战略支持单元强化全过程咨询单位的咨询成果主体责任，对咨询成果和质量进行合理评价与监控。

（三）企业全过程工程咨询管理平台建设

全过程工程咨询管理平台（以下简称"平台"）应围绕"专业业务咨询＋数字信息化"进行搭建，目的是整合优势资源和协同作业，从而能够指导、监控、评价和支持全过程工程咨询业务开展。通过平台实现公司专家层对全过程咨询项目的掌控、检查及指导；通过平台规范咨询项目工作任务和流程；通过平台能够形成本企业咨询项目信息数据库，供有关人员学习和查阅；通过平台可以实现管理方法和管理工具的提升；通过平台建设使全过程工程咨询业务标准化、流程化。咨询管理平台还应有建设单位或相关方入口，建设单位或相关方可进行监督或共同参与管理。

（四）加强全过程工程咨询人才队伍建设

建立全过程工程咨询业务核心队伍，培养一定数量的技术与管理专家，扩大开展与全过程工程咨询服务相适应的持证人员的规模，为全面开展全过程工程咨询服务充分提供人才保障。

（五）重视咨询成果质量和落实咨询成果责任

全过程工程咨询提供专业化的技术咨询、管理咨询，更着重提供技术与管理综合类的服务。全过程工程咨询单位的工作成果和价值体现在相关咨询成果及相关工作上。在建设项目决策、勘察设计、招标采购、工程施工、竣工验收、运营维护等不同阶段，应依据相关标准规范或建设单位需求，提供符合项目实际的咨询成果。咨询单位或咨询工程师应在成果文件及需其确认的相关文件上签字或盖章，承担合同主体责任，落实咨询成果责任。

五、某项目全过程工程咨询经验和内容介绍

国机中兴工程咨询有限公司是河南省首批重点培育全过程工程咨询服务企业之一，目前已连续承接多项全过程工程咨询项目。在某住宅项目总建筑面积42.8万 m^2，国机中兴作为联合体牵头人同设计院联合承担本项目全过程工程咨询，咨询合同内容包含全过程造价咨询、全过程项目管理、设计咨询、BIM技术应用等内容。

主要咨询成果内容有下：

（一）设计优化

咨询单位对设计图纸进行全面审查和设计方案审核，经验算在保证安全的前提下对施工图进行设计优化，经设计院认可后重新设计，节约工程投资成本约3000万元。

（二）设计咨询

咨询团队针对设计施工图纸进行全面审核分别出具了《1号院设计优化报告》《2号院设计优化报告》《3号院设计优化报告》，涵盖建筑、结构、给水排水、暖通、电气5个专业，提出设计问题600余条。发设计单位进行修正回复，为现场工程质量提升提供了有力依据，加快了各项工程施工进度。

（三）BIM技术应用

咨询单位收到设计蓝图后，组织BIM团队对地下车库所有专业进行BIM建模，先后出具《BIM碰撞检测报告》《施工图设计验证和优化报告》《地下车库综合管线排布图》，利用BIM三维可视化模型，组织参建单位进行设计交底和图纸会审。其中BIM技术应用成果发现设计图纸错漏碰缺600余项，各水电暖安装综合管线优化1000余项，避免

后期众多设计变更，既校核设计施工图又节约了投资，有效保证了工程建设顺利开展。

（四）工程量清单编制及全过程造价咨询

咨询团队有专门的造价团队为本项目编制了完整的工程量清单，并依据本工程量清单对本项目进行全过程造价咨询的投资控制。核实工程形象进度，据实计价，核实工程签证事项，审核工程签证资料，核查施工单位月度工程计量。

（五）设计管理

先后组织设计单位进行设计交底，组织参建单位进行施工图纸会审，承担本项目的全部设计管理和设计变更管理，有效解决施工过程中遇到的技术问题。

（六）合同管理

协助建设单位进行第三方基坑监测、沉降观测、防雷检测、桩基检测、土壤氡气检测、工程勘察等单位招标及合同签订，并且监督相关单位履约配合。

（七）工程建设手续报批报建

先后完成了本项目的建设用地规划许可证、建设工程规划许可证、施工许可证、施工图审查等全部审批性事项。

（八）工程建设实施管理

代表建设单位实施本项目全面管理，定期召开项目管理会议，参加或监督分部工程验收，定期组织安全质量检查，监督监理单位工作开展情况，对工程质量、进度、安全进行全面管理和控制。

本项目全过程工程咨询是以全过程项目管理为主线，重点开展了以设计咨询、设计优化、设计管理、BIM技术应用为技术要素，围绕全过程造价咨询，实现建设项目目标。通过设计咨询和设计管理，提升了全过程咨询团队技术优势和特殊优势，也为本项目各项工作顺利开展提供了坚实基础，对于实现本项目投资目标、质量目标和实现项目全生命周期的增值起着关键作用。

结语

全过程工程咨询是专业技术、知识、管理经验的集合，懂技术才能更好地服务项目的建设。监理企业不同于设计院属于知识密集型企业，技术优势不甚占优，相对而言项目管理经验更丰富。监理企业若能通过工程项目建设全流程重塑，寻找全过程工程咨询突破点，提供特、专业化咨询服务，组建全过程工程咨询战略支持单元，搭接企业全过程工程咨询管理平台，能够更好地针对全过程工程咨询而快速发展。

参考文献

[1] 2020年全国建设工程监理统计公报[EB/OL].住房和城乡建设部网站，2021-09-27.

[2] 国务院办公厅关于促进建筑业持续健康发展的意见.国办发〔2017〕19号.

[3] 关于促进工程监理行业转型升级创新发展的意见.建市〔2017〕145号.

[4] 关于推进全过程工程咨询服务发展的指导意见.发改投资规〔2019〕515号.

[5] 赵良.关于工程监理企业开展全过程工程咨询服务的思考[J].建设监理，2020（07）.

[6] 张超雄.关于监理企业开展全过程工程咨询服务的思考[J].基层建设，2019（14）.

BIM技术在南昌地铁监理项目中的应用

彭　军　陈俊梅

江西中昌工程咨询监理有限公司

摘　要： 随着当前我国科学技术水平的提高，BIM技术成为当前建筑行业内比较火热的一门新型信息技术，给建筑行业内的各参与方都带来了新的机会。结合本企业在南昌地铁项目（1号线至4号线，总投资980亿元）监理过程中BIM技术应用的探索，深入分析了在地铁项目中管线综合、支吊架深化及形象进度展示等应用点的实际应用情况，从而找寻适合监理企业应用BIM技术的工作方法与流程，以满足行业急需的全过程工程咨询服务。

关键词： BIM技术；监理；地铁

一、监理企业 BIM 工作应用方法

目前国家大力推行 BIM 技术，未来建筑行业的发展也是向着信息化管理的方向迈进，作为建设工程不可缺少的参与单位，监理企业的目标应该向着项目管理、全过程咨询企业前进，才能符合现在的大数据发展趋势。建设工程由业主单位主导，是使用 BIM 技术的最大受益者，但是业主单位的不专业性，使其不能成为 BIM 技术的主要推手。监理企业是业主委托对项目进行专业监督管理的企业，其最终目标与业主是一致的。监理企业是项目建设过程中全面参与的单位，其管理人员监理工程师具有丰富的技术、管理、经济、相关法律等方面的专业知识，完全具备推广使用 BIM 技术的基础条件[1]。若监理企业应用 BIM 技术，有助于促使项目上的沟通达成一致意见，提高建设项目的管理水平，所以监理企业推广 BIM 技术是顺应市场发展，也是向全过程咨询转型的重要依托。

（一）监理企业 BIM 工作挑战

监理企业习惯了传统的监理模式，在没有额外收入增加的情况下，对增加的信息化管理工作存在抗拒情绪，并且监理行业的人员大都呈现"老龄化"现象，很难接受一种新技术的应用，大多数都只是听过 BIM 这个概念，并没有深入了解，若业主单位没有对 BIM 技术使用的明确要求，按照传统方式也能开展工作。就企业外部环境而言，行业内缺乏指导性的监理 BIM 标准以及监理 BIM 应用指南，使监理企业很难在实施 BIM 技术的项目中确定合适的定位；就企业内部管理而言，市场行业内应用 BIM 技术大都对电脑硬件要求比较高，而且缺乏现场 BIM 技术人员，导致监理企业对 BIM 技术资金投入得不到可观的经济回报，对此监理企业在项目中大范围推广 BIM 技术还存在问题，综合考虑较为稳妥的办法还是选择重点项目进行 BIM 应用试点，在试点过程中找寻最有利的工作模式[2]。

（二）监理企业 BIM 工作流程

监理企业工作的主要内容可总结为"三控三管一协调"，工程建设过程中需要监理企业全面参与监督管理。传统监理工作的重点多数放在施工准备及施工阶段，忽视了监理企业本能实行全过程咨询进行增值服务的其他阶段，这也是为何住建部为加快推进全过程工程咨询，进一步完善工程建设组织模式的原因，并在 2020 年 4 月 27 日发布了《房屋建筑和市政基础设施建设项目全过程工程咨询服务技术标准（征求意见稿）》。为了更加凸显 BIM 技术在项目全生命周

期的管控，监理企业应努力延伸本身的服务范围，使 BIM 技术在项目监督管理方面的优势充分发挥出来。这对监理在 BIM 技术条件下的工作流程提出了更深化的信息化管理要求。基于 BIM 的建设工程监理全生命周期工作流程，其中包含监理应用 BIM 技术需要主控的项目以及增值项目，具体内容见图 1[3]。

（三）监理企业 BIM 工作目标

作为监理企业，现场项目上的管理人员按照要求配备多个岗位，包括总监理工程师、总监理工程师代表、专业监理员、监理员等。若按照工作流程要在项目上应用 BIM 技术解决实际问题，那需要对现场技术人员进行 BIM 技能培训，实现"总监及以上管模、审模、看模，总代及以下核模、用模、建模"的目标，企业内部针对不同的岗位完成不同的 BIM 应用工作，充分利用本身的专业知识结合 BIM 技术为业主提供更加优质的咨询服务，以及利用 BIM 信息化技术控制在建项目的施工质量。

有了以上人员技术基础后，监理企业可以在合同谈判时建议业主新增 BIM 内容，并担任起 BIM 咨询总体的工作，这样可使业主花更少的费用达到同样的效果，例如监理企业在过程中对设计模型、施工模型与竣工模型出具 BIM 审查报告等。若是全过程咨询项目，则在现场实行"三控三管一协调"的工作同时，在项目全生命周期提供包括设计阶段 BIM 应用、施工阶段 BIM 应用、运营阶段 BIM 应用等在内的 BIM 咨询服务。

二、监理企业 BIM 工作应用案例

（一）地铁管线图纸审查及综合优化

地铁项目虽然体量小，但是结构复杂，涉及的系统专业复杂多样，各单位需要花很多时间在图纸处理上面，通过 BIM 技术可以直观地通过观察三维模型来检查图纸错误从而减少施工阶段的返工。根据以往项目总结，建模人员在模型搭建的过程中，对设计图纸展开全面、准确地检查，形成相关问题报告并反馈给设计方，设计方在此问题报告意见的基础上对图纸进行修改。获得高质量的图纸后，接下来进行管线综合优化。

地铁机电系统众多，风、水、电大小系统集中起来有几十种之多，各管线之间相互穿插，分布错综复杂，对于复杂位置要在一定净高的范围内，让管线在满足相关要求及规范条件下进行重新排布，期间需要考虑到施工空间、维修空间、支吊架安装空间等问题。利用 BIM 可视化就可直观明了，并且在 BIM 模型中对这些情况预留出足够的空间，

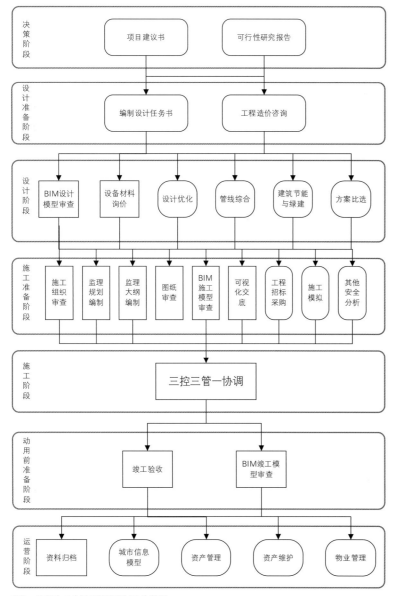

图1 监理企业全过程咨询BIM工作流程

结合其他辅助手段进行多方案对比,选出最优方案,经多方确定后直接实现对模型的虚拟三维化向实体二维化的转换,从而到达指导施工的目的。

学府大道站为南昌地铁2号线车站,本站为地下二层岛式车站,采用明挖顺做法施工。车站总建筑面积为15132m²,其中主体建筑面积为2353m²。

将图纸问题总结为三类,第一类是建模过程中建模师建模不正确导致的问题;第二类是完全按照图纸建模产生的问题,此类问题有空间可以水平移动自己解决;第三类是图纸问题,此类问题涉及设计人员的设计思路或者设计规范,需要和设计人员进行反馈协商。针对第一、二类问题,直接与设计人员网上协商沟通,针对第三类问题,需要做出相应的碰撞报告作为双方的交接材料。本项目双方用于交接的7份碰撞报告中,前期的碰撞报告中第三类碰撞将近有10处,随着双方的不断反馈协商,图纸中的第三类碰撞呈递减态势,前后7份碰撞报告也有着将近20处的第三类碰撞。

站厅层环控机房的冷冻供水管集中在7轴右端,不仅产生多处碰撞,而且对施工造成很大的阻碍,没有操作空间,将该处的冷冻供水管改变路径移至7轴左端,对于在环控机房内的压力管来说,只需留有过人空间且便于施工即可,这样不仅避免了设计图纸的多处碰撞,而且还可以使冷冻供水管与冷冻回水管在同一标高,便于施工安装支吊架且减少支吊架种类。

(二)地铁综合支吊架深化

基于BIM技术的支吊架深化需要在完成管线综合的基础上进行,综合支吊架相较于普通支吊架不仅减少了支吊架的数量,而且使管线走线更清晰、明朗,观感、质量均大大提高。利用BIM技术中的共享参数,达到BIM模型完成后直接出具图纸的目标,安装效果良好可靠,避免了传统支吊架实施过程中造成的浪费。

学府大道东站在支吊架优化方面的应用效果显著:支吊架厂商提供的原始版支吊架图纸中的18种支吊架类型无法满足放置现有管综模型上的管线的要求,经过沟通,从最开始的18种类型增至最终版的25种类型,且每种型号的支吊架上管线的位置和标高相较于最原始的支吊架图纸都发生了变化。

如图2所示,BIS-ZT-13号支吊架不仅改变了横担上管线的位置,而且还改变了横担的数量。优化后的支吊架相对于左边支吊架会更低,是因为学府大道东站的综合支吊架的设计人员根据工点设计院设计人员提供的管综图纸中的剖面图来设计支吊架,该处位置没有剖面详图,导致支吊架设计人员不知道在该处有一根下翻梁,所有管线标高均偏高。

同样位置左图第一根横担上的FAS弱电桥架移至右图的第三根横担,原因是原本的管综设计图纸就是两根弱电桥架分布在一排,本来无碰撞的桥架被支吊架设计人员改动后走不通了。

综合支吊架设计人员不熟悉学府大道站管线导致没有剖面图就产生错误的设计。所以利用BIM技术可以有效解决上诉问题,将优化后模型与原综合支吊架图纸进行复核,立马就能发现问题,及时告知设计人员就能根据模型对综合支吊架重新设计,产生新的综合支吊架图纸。

(三)地铁形象进度及进度款批复

监理在传统工作方式中往往会受人为因素和环境因素的制约,对工程进度产生不利的影响,造成实际进度跟不上计划进度,因此,实时掌握项目的实际进展情况是监理人员必不可少的工作,并与计划进度进行比较分析,查找原因进行纠偏,杜绝产生无法避免的错误,影响工期。针对此类问题,可以利用BIM技术将每周的计划进度与本周完成的实际进度都关联至模型,使其产生一种很显而易见的对比。基于此种表达方式各参与方就能准确地分析出问题的症结所在[4]。可视化的建筑物模型中将空间信息、时间信息、几何信息、物理信息等进行关联,这就是基于BIM技术的进度控制。监理人员可以清晰地了解到各个"里程碑"事件是否符合所列的进度计划,场地布置是否符合安全文明施工

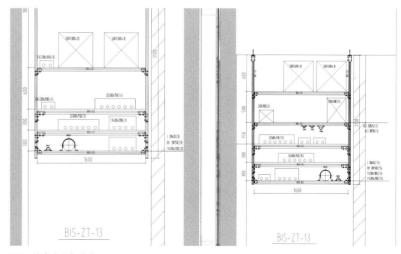

图2 综合支吊架优化

建设等条件。监理单位在进行进度把控的时候，把横道图的时间信息与模型图元进行关联，不易遗漏一些细节的问题。

青山路口站为南昌地铁2、3号线换乘车站，两线为"T"型换乘形式。本站2号线为地下二层岛式车站，3号线为地下三层岛式车站。车站总建筑面积为41243.654m²，其中2号线主体建筑面积为13924.16m²，附属建筑面积为1789.68m²；3号线主体建筑面积为23747.834m²，附属建筑面积为1781.98m²。

南昌地铁青山路口站监理项目在开监理例会时将场地现状1∶1反映在模型中，会议过程中直接针对模型进行讨论，更新模型中原进度计划的过程性信息，为工期索赔提供支撑数据。如图3所示，为地铁车站周进度模型展示。

对于具体的区域可以灵活使用剖切框剖切，随意查看需要了解的区域。在该项目中，第四段完成中板浇筑，中板上第三道混凝土支撑割除；第五段完成中板浇筑，第三道混凝土支撑切割一部分；第六段还没开始浇筑中板，所以混凝土支撑没有进行拆除。当天的形象进度如图4所示，直接定位到底四五六段模型，直接导出下图，清晰明了地展示现场实际进度，不管是现场人员利用，还是向更高层级领导汇报都有很大的帮助。

项目每周开一次监理协调例会，

在此过程中积累每次会议的进度模型，在此基础上可以快速统计出每周、每月及每季的实际进度，再以混凝土总工程量为基准，每周完成的量占混凝土总工程量的比例，以此推算完成的进度，基于以上的工作模式和数据就可以对进度款支付有大致的量化比例。在统计进度工程量时直接隔离出该阶段完成的构件，利用Dynamo编程软件直接框选进度工程量，软件可直接显示出选中构件的工程量以及所占比例。

基于BIM技术的形象进度管理可以有效解决项目上因二维图纸表现不清晰产生的问题，项目管理人员对二维图纸理解程度因人而异，有时口头叙述或者文字表达很难描述清楚，然而根据模型进行形象进度展示产生的效果就不一样，参照模型进行描述，可以将项目的三维立体形象印在脑中，一目了然获得项目的进度情况，在了解到项目进度的同时得到进度工程量，依照上述方式在展示形象进度和进度款时就存在数据支撑，加快监理例会的会议效率以及进度款的审核速度。

小结

随着社会的发展，市场经济的自我调控而带来的竞争压力，越来越多的企业

进行新业务的拓展以及转型。在网络和信息大爆发的时代，如果忽视了信息技术的应用，监理企业没有将所负责的工程信息进行信息共享和信息储存，就无法快速处理和传递工程质量信息，更不能跟上大数据的发展，慢慢地就会变得没有竞争力，甚至被社会所淘汰；加之目前工程参与方之间缺乏信息交互与沟通，也没有这方面的意识，导致大量实时动态的工程数据采集困难，工作量重复且巨大。监理企业选择合适的项目进行BIM技术应用试点，不仅可以培养具有BIM应用能力的现场复合型人才，而且可以彰显企业本身的技术创新能力，具有更多的谈判筹码，为新业务拓展提供可能。监理企业借助BIM技术进行转型是一个很好的方向，借助BIM技术的信息属性成为一家项目信息化管理水平高的企业，并且向全过程咨询转型，这样便走在了咨询行业的前列，对企业大有益处。

参考文献

[1] 程建华，王辉．项目管理中BIM技术的应用与推广[J]．商业经济，2012 (3)：29-31.
[2] 严事鸿，刘安鹏，刘鸣．监理在应用BIM技术过程中所面临的机遇和挑战[J]．建设监理，2019 (10)：10-14.
[3] 严事鸿，赵春雷，郑刚俊．基于BIM的建设工程监理模式的研究[J]．建设监理，2015 (11)：13-17.
[4] 高健．工程监理企业BIM技术应用研究[J]．建设监理，2015 (10)：5-9.

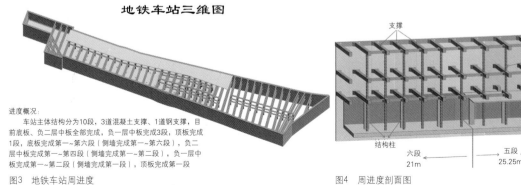

地铁车站三维图

进度概况：
车站主体结构分为10段，3道混凝土支撑、1道钢支撑，目前底板、负二层中板全部完成，负一层中板完成3段，顶板完成1段，底板完成第一～第六段（侧墙完成第一～第六段），负二层中板完成第一～第四段（侧墙完成第一～第二段），负一层中板完成第一～第二段（侧墙完成第一段），顶板完成第一段

图3　地铁车站周进度

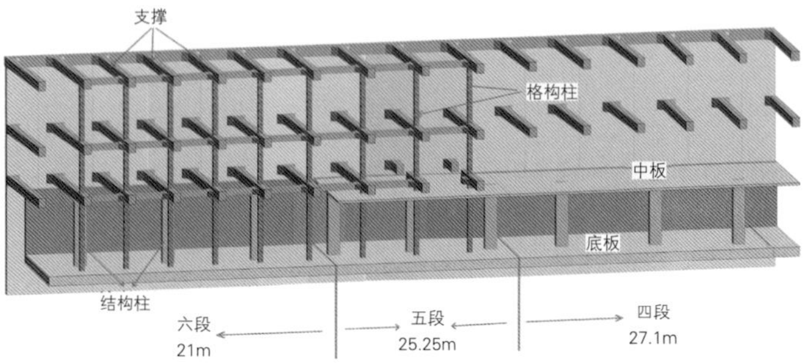

图4　周进度剖面图

工程监理企业转型发展全过程工程咨询文献综述

李宏东

内蒙古科大工程项目管理有限责任公司

摘　要： 全过程工程咨询是新市场经济形势下，政府鼓励工程监理企业转型升级发展的新的工程建设组织模式。由于全过程工程咨询模式处于试点阶段，本文对大中型工程监理企业顺应政策导向，转型升级发展全过程工程咨询进行了分析论述，以期加快大中型工程监理企业转型升级、发展全过程工程咨询。

关键词： 全过程工程咨询；转型升级；模式

引言

中华人民共和国成立七十余年，建筑行业的发展取得了辉煌成就，伴随改革开放大潮应运而生的工程监理行业，对促进建筑行业健康发展和提高工程质量做出了巨大贡献。我国工程监理制度是时代变革的产物，是市场经济逐渐完善和建筑行业逐渐规范的一个重要标志，工程监理行业经过三十年的探索发展，走出了一条适合中国国情的建设工程监理之路，基本实现了建设监理制度的初衷和目的。但是，随着我国经济高速发展、建设行业日新月异、建筑规模不断增长，工程监理行业将面临转型升级，朝着科学化、系统化、全过程工程咨询的方向发展。

一、全过程工程咨询的政策导向

2017年2月，国务院办公厅印发《关于促进建筑业持续健康发展的意见》（国办发〔2017〕19号），这是建筑业改革发展的顶层设计方案，"培育全过程工程咨询"；这也是政府发文中首次明确使用"全过程工程咨询"这一新提法，同年5月，住建部又印发《关于开展全过程工程咨询试点工作的通知》（建市〔2017〕101号）文件。

这些政策和文件的密集出台，释放出一个信号，确立了未来建筑行业发展方向，这是政策导向和行业进步的体现。作为建筑产业链上重要一环的工程监理企业，应当认真学习和领会文件的精神，在国家转型升级创新发展的政策引领下抓住契机，发挥自身的潜在优势和能力，克服转型升级阵痛和困难，积极开展全过程工程咨询服务。全过程工程咨询这种新的工程建设组织模式是当前和未来一段时间，工程监理企业转型升级必然发展的趋势。

二、全过程工程咨询是大中型工程监理企业发展的趋势

全过程工程咨询，是工程建设项目前期研究和政策，以及在工程项目实施和运维（运营）的全生命周期提供以全过程项目管理业务为核心，包含规划和设计在内的涉及组织、管理、经济和技术等方面的工程咨询服务[1]。全过程工程咨询是一种知识叠加，跨界融合，资源聚集的新业态，将现阶段建设全过程的咨询管理业务整合在一起，对建设目标进行系统优化，实现最短的合理工期，最小的风险代价，最低的投资和最高的品质等目标，为建设单位创造价值，其主要内容是立足施工阶段监理的基础上，向"上下游"拓展服务领域，提供项目咨询、招标代理、造价咨询、项目管理、现场监理等多元化"菜单式"咨询服务。所以，全过程工程咨询要求综合实力较强的工程咨询企业牵头，对上述资源进

行整合优化，采用科学的管理手段引导各咨询服务企业协同配合，提供更专业和更全面的服务，这恰好是大中型工程监理企业所擅长和具备的。

工程监理企业转型升级创新发展开展全过程工程咨询，要结合企业自身实际努力探索实际，不可能一蹴而就，更不可能全国 8000 家监理企业都去探索发展，因为监理企业自身条件和发展阶段不一样，全国各地的市场形势不一样，只有那些依托高校、科研院所等优质资源且自身具有工程设计、造价咨询、招标代理等能力的大中型企业监理，有条件通过并购重组或联合经营开展全过程工程咨询服务，成为全过程工程咨询服务总包方或牵头单位，根据工程项目管理咨询服务合同约定的工作范围和内容，结合工程项目实际情况，确定全过程工程咨询管理组织机构（图 1）[2]。

这种由一家工程管理咨询企业作为全过程工程咨询服务总包方或牵头单位的组织模式，将多个咨询服务单位在各阶段服务进行优化整合，为建设单位提供咨询服务的组织模式，将彻底改变业务交叉、责任推诿、合同繁杂、管理困难等现状，从而实现投资效益最大化，更好地发挥建设项目的社会效益和生态环境效益。

三、大中型工程监理企业转型升级发展全过程工程咨询的优势

大中型监理企业探索发展全程工程咨询服务优势：首先，是国家政策支持。2017 年国务院办公厅《关于促进建筑业持续健康发展的意见》《住房城乡建设部关于促进工程监理行业转型升级创新发

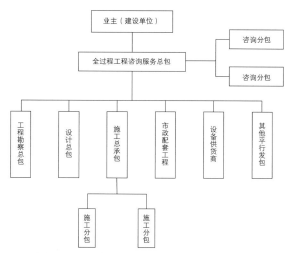

图1 全过程工程咨询管理组织机构

展的意见》（建市〔2017〕145 号）等文件，昭示着国家对监理行业的重视，给行业的发展带来新的机遇，2017 年 5 月住房城乡建设部印发《关于开展全过程工程咨询试点工作的通知》（建市〔2017〕101 号），公布 40 家试点企业，其中工程监理企业 16 家，这是国家扶持、鼓励、推动、促进工程监理企业做强实力，做宽业务，高效服务，并向全过程工程咨询服务转型的政策支持。

其次，是市场需求增加。近年来，国际工程服务业务发展很快，市场对咨询服务的需求范围越来越广，涵盖了与工程建设相关的政策建议、机构改革、项目管理、工程服务、施工监理、财务、采购社会和环境研究各个方面。全过程工程咨询服务理念先进、管理科学，不仅有严格的法律法规体系做后盾，更有健全的诚信自律机制做保障和具备执业能力的优秀人才队伍做支撑，实现了业主投资效益的最大化。随着全球化市场竞争环境不断变化，建设单位需要能提供从前期咨询到后期运维（营）一体化服务的专业化咨询队伍，不论是政府投资的市政公共建筑，还是国有企业或私

营业主都不可能完全依靠自身对项目的前期咨询、勘察、设计施工及其质量安全进行全面管理，因此，市场的广泛需求也使得工程监理企业开展全过程工程咨询势在必行。

再次，资源整合的管理能力。工程监理企业经过三十年的工程监理实践，锻炼了一大批管理经验丰富的监理工程师和项目负责人，他们具有较高的工程管理水平，娴熟的沟通协调经验，较强的资源整合能力，能够成为企业转型升级改革创新的弄潮儿。

最后，全过程和项目管理实践能力。得益于近年来建设领域政策层面的铺垫和引领，大中型工程监理企业普遍开展了监理主业外的其他咨询业务。这类企业具备多项监理甲级资质甚至综合资质；具备一项或多项咨询资质；具备多种专业学科的专家人才和科研机构，其企业法人管理架构明晰，机构设置完备，有完善的项目管理体系、质量安全控制体系，有大量的全过程项目管理实践经验，通过培训能迅速进入角色并主持全过程工程咨询服务工作的展开。

四、工程监理企业转型升级发展全过程工程咨询亟待解决的问题

大中型工程监理企业转型升级向全过程工程咨询服务探索发展，还需要解决以下几个突出的问题[3]。第一，监理定位不够明确。监理的定位问题，一直是束缚我国监理行业发展的原因之一，由于政府关注和强调质量监理，限制了监理提供专业化服务的范围，加之绝大多数的监理企业都不具备建设前期的工程咨询能力，且工程的可行性研究又属于计划部门管理，诸多原因导致工程监理仅限于工程实施阶段，使得监理企业的路越走越宽，失去了发展空间。造成这种状况既有体制上、认识上的原因，也有建设单位需求和监理企业素质及能力等原因。第二，行业集中度不高，不利于行业良性发展。从数量来看，当前监理行业中各类资质的监理企业繁多，良莠不齐，从行业结构来看，当前监理企业层次不分明，行业集中度不高，金字塔结构尚未形成，从行业整体来看，作为行业实力最强的综合资质企业产值占监理行业总资产值的比例较小，企业规模未做大，实力未做强，还不能与国际咨询企业抗衡，未充分体现并发挥对行业的引领作用，作为实力较强的甲级监理企业，企业数量众多，实力差距巨大，一些企业实力、规模和"甲级"身份完全不匹配。第三，专业分布失衡。2017年全国近8000家监理企业中88%的企业专业资质集中在房屋建筑和市政工程两个专业，而其他12个专业累计仅有935家企业，专业分布不均衡，形成

房屋建筑专业竞争过度，供大于求，而其他12个专业基本是行业垄断，没有形成市场竞争。第四，多数监理企业业务范围小。当前，我国大多数监理企业主要提供施工阶段以工程质量控制、安全生产管理为重点的监理服务，尽管有的监理企业在向项目管理咨询服务方向拓展，但是现如今我国具备全过程项目管理能力的监理企业很少，监理企业缺乏全过程工程咨询人才，很多监理企业的综合素质不能满足项目管理的要求。第五，监理人才匮乏，难以满足发展需要。监理企业行业地位日益下降，再加上监理服务取费低、工作压力大、风险高等诸多因素，造成监理行业大量优秀人才转行至施工、房地产等行业，监理企业人员流失严重，导致一线监理人员整体素质不高、注册监理工程师数量不足、监理从业人员结构不合理等问题，不利于企业转型升级与创新发展。

五、大中型监理企业顺应政策导向，全面推进全过程工程咨询

尽管存在问题，但是大中型工程监理企业经过二三十年实践和探索，监理企业在内部管理和工程全过程项目管理方面积累了明显优势，应乘着"促进建筑业持续健康发展"的东风，明确方向，合理定位，探索发展，提高工程监理咨询服务水平，实现监理企业向全过程工程咨询服务转型升级的发展目标。

"机会是给有准备的人"，工程监理企业顺应国家在政策层面全面推行全过程工程咨询服务的契机，在立足施工阶

段监理基础上，树立引领全过程工程咨询的信心，提早布局，补短板练内功，积极探索实践。夯实人才基础，加大优秀项目管理人才的培育和引进，打造复合型人才团队，成为全过程工程咨询的组织者和管理者；提升竞争力，注重信息建设，加大科技投入，采用先进检测工具和专业软件通过信息化手段，创新咨询管理服务，提高咨询服务的技术含量，提供权威的信息和数据，彰显服务价值，发挥全过程工程咨询单位的主导作用。

结语

新时代孕育新希望，新机遇呼唤新作为。在党的十九大精神指引下，在国家"一带一路"倡议下，在国家有关部门及行业协会的正确领导下，全过程工程咨询将是工程监理企业转型升级创新发展的必然方向和目标，具有超前意识、行业自信和国际视野的大中型工程监理企业必将在探索发展全过程工程咨询的道路上作为领军者，阔步前行，走出国门，走向世界，在国际舞台上大放异彩。

参考文献

[1] 吴红涛. 全过程工程咨询是工程监理企业转型升级的必由之路 [M] // 中国建设监理协会. 中国建设监理与咨询 25. 北京：中国建筑工业出版社，2019.
[2] 皮德江. 全过程工程咨询组织模式研究 [M] // 中国建设监理协会. 中国建设监理与咨询 25. 北京：中国建筑工业出版社，2019.
[3] 孙成. 建设工程监理行业的回顾和展望 [M] // 中国建设监理协会. 中国建设监理与咨询 25. 北京：中国建筑工业出版社，2019.

加快咨询成果和资源数据化，促进企业数字化转型发展

——中晟宏宇工程咨询公司数字化建设实践探索

秦永祥

中晟宏宇工程咨询公司

摘　要： 企业核心竞争力的实质是资源和治理资源的能力。企业成长过程既是企业资源聚集的过程，也是将有限的资源合理、最优配置的过程。此文将结合中晟宏宇工程咨询公司数字化建设实践的思路和阶段性成果，重点探讨如何通过推动咨询成果和企业相关资源，尤其是市场、品牌、技术、管理等无形资源以及人力资源的数据化，以期科学配置、高效利用，逐步实现企业的数字化转型和高质量发展。

关键词： 企业资源；数据化；数据资产；数字化转型

引言

工程咨询业发展与建筑业密不可分。2022 年 1 月 19 日，《住房和城乡建设部关于印发"十四五"建筑业发展规划的通知》（建市〔2022〕11 号）提出了"完善智能建造政策和产业体系、夯实标准化和数字化基础、推广数字化协同设计、打造建筑产业互联网平台"等目标任务，同时在"完善工程监理制度"中明确指出"推进监理行业标准化、信息化建设"和"推进 BIM 技术、物联网、人工智能等现代信息技术在工程监理中的融合应用"的行业发展方向。咨询企业迫切需要响应建筑业发展趋势并结合企业实际，深化信息化建设、不断夯实企业信息化和企业资源数据化建设基础，开展向数字化转型发展的前瞻性研究和全局性谋划，以期通过数字化的战略性布局、分步实施和适度投入，逐步建构企业数字化能力，推动企业数字化转型。

一、咨询产品的数据化具备可行性

在探讨资源的数据化之前，我们有必要先回答一个关联问题，咨询企业的资源围绕客户与产品配置，咨询产品是服务，能否量化？多年来，中晟宏宇工程咨询公司（以下简称"宏宇"）正尝试通过自身的思考和企业实践，寻找解答问题的钥匙。

有形的实体工程，肉眼可见，可实时跟踪、可测量、可验证，过程获取、积累的工程数据多以结构化数据为主，便于数据的分类归集、评估、分析、利用等，基于 BIM 等数字化技术的运用，实体工程的设计、采购、施工、运维等数字化管理和数字化成果交付等数据治理相对容易。而工程咨询的过程管理和咨询成果虽与工程实体建设如影随形，是"硬币的背面"，但鉴于工程咨询的特点，尤其业务管理类交付成果的数字化难度很大，技术和规则壁垒高。一方面，工程咨询过程动态管控中产生的大量策

划书、报批报审资料、联系函、会议纪要和管理日志等多为需要履行相应的签章程序的文本格式，文本或图像、图形文件中富含的高价值数据难以提取归集；另一方面，工程事故或争议纠纷取证时，司法解释对所提供电子数据的鉴定或者检验较之常规书证更为严苛；电子数据是否全面收集、显示内容和制作过程是否真实，有无剪辑、增加、删改等情形的认定程序更为严谨繁复；加之对数字证书的电子签章要求也十分严格，这些都一定程度影响了留存电子数据的有效性。特别是现阶段工程联合竣工交验前，依照《建设工程文件归档规范》GB/T 50328—2014（2019年版）和工程所在地城建档案管理机构及建设单位的要求，咨询成果档案只移交书面文件资料，对建设业务管理电子档案和建设工程电子档案未做强制性移交要求。综上，咨询成果的电子化已属不易，电子化成果转换成数据化门槛更高。

企业管理实践中，可以在业务与管理标准化、信息化基础上，依照现行规程，如武汉市市场监督局2021年12月13日批准实施的《建设工程监理规程》DB4201/T 652—2021，制定并不断完善企业数字化作业标准，依据《建设工程文件归档规范》GB/T 50328—2014（2019年版）和《建设电子文件与电子档案管理规范》CJJ/T 117—2017制定电子化文件交付标准，创建与保存、文件分类、捕获和固化项目咨询成果。其主要工作是文件电子化、电子化文件的数据库分类立和电子化档案和数据库的验收、移交。项目的电子化成果转换成数据化起步阶段可基于企业咨询服务的标准化作业工作，以湖北为例，可参照《湖北省城建档案基础数据规范》，结合客户需求和痛点，

针对性制定建设工程项目的通用数据项、专业记载项及管理项的填报表格，并纳入企业信息综合管理平台，如OA、手机终端系统（如宏宇"工匠兔"）中，数据实时填报，自动汇总更新，相关方随时调用。未来发展方向是咨询方与建设、设计、施工、供应及监管单位共同通过基于BIM的一体化应用平台运用和信息传递云端化，实现设计、生产、施工、监管及运维环节数据共享和数字化产品与实体产品的同步交付。

客观上，实现咨询产品电子化和数据化是传统咨询服务的增值和提升，在满足客户对高质量服务需求的同时，也顺应了咨询企业数字化转型的政策、技术环境需要，具有可行性和明晰路径。为此，围绕咨询产品的一系列资源，如可控市场资源、项目资源、人力资源、财物资源、知识信息资源、技术资源、管理资源等内部环境资源和政策资源、宏观市场资源、行业相关方资源等外部环境资源，均应统筹规划、分步实现资源数据化管理。其中，又以人力资源的数据化最为紧迫和重要。

二、企业精细化管理的精髓是量化

要素资源的数据化是企业管理提质增效的必然要求。公司治理的主体包括股东、雇员、顾客、合作方、同业、政府等在内的广大公司利益相关者，主体是人，如何量化？人力资源是关键资源，是咨询产品的生产者，决定着企业其他所有资源效力的发挥水平和客户体验。宏宇通过多年信息化建设，已为员工打造了统一的综合信息平台和数字入口（PC端/移动端）一站式服务门户，可以为员工提供诸如个人电子档案、合同、证件信

息、薪酬、福利信息、岗位测评、绩效考核、学习培训、知识管理和人文关怀等服务，具备了人物画像功能雏形，运用数据算法形成的"学习值""能力值"和"贡献值"，初步实现了"能力数据化"和"绩效数据化"评价，并已将其作为员工综合能力评估、职级及岗位晋升、评优评先等的参考依据之一，为赋能员工和企业人效管理提供了支持。下一步，企业将继续优化迭代信息平台、不断深化信息共享服务功能，通过智能化的员工服务，提升员工从入职到离职的全职业生命周期的整体体验；发掘人力资源和相关方数据价值，并基于数据分析开展透明化决策与管理，不断赋能企业人力资源体系的"选用育留"各环节。同时，企业要不断更新、充实和应用现有"社会资源库""客户信息库"等数据，积累企业经营资产，服务企业市场经营工作。

"科学技术是第一生产力"，企业的技术资源决定了咨询成果的含金量。技术资源的数据化当秉持为人服务、为项目服务的宗旨，融于企业综合管理；从资源的收集、识别、提炼的电子化着手，结合企业技术体系标准化和知识管理体系建设，逐步建立完善各类技术资源数据库。就宏宇而言，由技术品质部牵头统筹技术资源的电子化和数据库建设，一方面持续收集更新国家、行业标准规范，尤其是企业涉及主营专业服务领域和拳头产品的如装配式、绿建等新技术、EPC、全过程咨询等新规定，丰富企业"知识库"的外部技术资源；另一方面在历年完成的咨询业务工作标准基础上，依托项目优秀成果积累和企业专家委、"7+2"研发中心等机构，总结提炼和完善企业技术标准，形成系统性、针对性和指导性强、易于实操的内部技术资源库，如技术标准

库、作业指导文件和样板展示库、造价信息库等，把各类电子档案库分类归集，形成结构清晰、易于查询和使用的数据库。例如，施工组织设计及危大工程专项施工方案库。施工方案文件经审核后由项目部上传 OA，系统自动识别后可按房建、市政、机电等专业分类归集至施工组织设计库；按基坑工程、模板工程和支撑体系、起重吊装和机械安拆工程、脚手架工程等分类归集危大工程专项施工方案库，方便一线咨询项目部或经营技术标准编制人员随时查阅、借鉴，最大化发挥技术资源管理的功效。

企业发展到一定阶段，具有了相当的规模、市场覆盖面和品牌影响力，具备了在更大范围、更广领域承接大中型项目的实力时，其发展趋势必将从"量"的扩张转向"质"的提升，进一步支撑并促进企业快速发展和转型升级，需要不断夯实比较优势，培育企业数字化的核心能力，走出一条内涵集约式发展新路。企业一切资源都要围绕市场有效配置，而市场又以财务指标的达成为最终目的。故而，管理资源的数据化当以市场经营指标和财务指标为核心。要完成市场经营的合同入库、人均产值指标，财务的收入、利润率、成本定额等指标，需要在目标分解基础上，通过企业的动态控制实现，动态管理离不开数据资源。包含"目标市场投资信息库、主要平台中标数据库、客户关系管理库、社会资源库、合同和业绩库、客户满意度库"等经营大数据库的建立与完善是市场决策、市场开发、分类跟踪和合同落地履约的基础性工作；"企业用工定额指标、部门预算定额指标、项目及部门成本定额、项目平均利润率"等数据的积累和"项目或分支机构

风险分级分类及预警数据库"的建立等工作，都是企业管理资源逐步量化，治理能力逐步提高的必要因素。

三、咨询成果与资源数据化向企业数字化转型的目的和实现路径

简言之，咨询成果与资源数据化向企业数字化转型的目的是通过为员工、项目和企业管理赋能，重构企业核心竞争优势，高质量服务客户；通过企业级资源及咨询成果的电子化和数据化，逐步实现业务数字化的运营方式，并为企业向数字化业务转型，开启数字资产运营的商业模式提供可能。

宏宇的管理实践是在企业标准化和信息化建设基础上，一方面围绕企业"选用育留"各环节和"宏宇学院"、知识管理系统的落地，通过个人的信息化留痕和算法，用"学习值""贡献值"量化员工能力和绩效考核，逐步完善"员工数字画像"，为员工成长与评价赋能；另一方面用"工匠兔"将项目部各类履职资料、数据自动归集，各类报表自动生成和存储，项目的咨询过程与阶段性成果实时、可靠和可持续地向业主开放，通过"工匠兔"线上与客户实时共享，提高了客户的参与度，利于客户对咨询机构的服务做出客观、公正的评价。实践证明，企业资源的数据集成成果，以"客户关系管理库""项目业绩及获奖库"等为代表的经营数据系统，与以事业部成本管理系统、贡献值数字管理系统、培训学习与考试数字管理系统、覆盖全员的绩效考核数字管理系统为代表的基础性数据管理子系统，为企业科学决策、市场开发和精细化管理提供了支撑，不断推动企业管

理持续优化。企业知识库、造价信息库、标准模板库等数据的价值发掘和运用，为项目及企业增值服务创造了条件，有效改善了服务品质。以顺风机场项目 BIM 运用为代表的咨询成果的电子化、数据化帮助客户在项目全生命周期运用、盘活数据资产，提升了项目效益和客户满意度。

对于大多数监理咨询企业来说，数字化转型之路十分艰难，非经年累月的努力难以达成。企业主要领导需要高度重视，从战略层面确立企业数字化转型的决心，亲自推动企业信息化向数字化转型的总体规划、分阶段实施、验收与评估；保障持续性投入、制度机制衔接和文化引领等系统性工作的落地是取得较为显著效果或达到既定目标的有效途径。

尤为重要的是专项规划先行、分步实施过程中的能力建设、组织保障与制度匹配。如专业人才的招募和信息化产品的开发团队建设，全员信息化运用能力培养，信息化平台、工具、数字化设备的使用与迭代，员工和项目机构的考核、评价与激励等机制环境建设。

结语

古人云"不谋万世者，不足谋一时；不谋全局者，不足谋一域"。近两年，后疫情时期"双循环"的经济不确定性因素与环境业已影响诸多行业。监理咨询企业如果不能居安思危，继续在思想上躺平，总以为数字化于我们遥不可及，只强调当下自身能力不足、条件不具备、投入大、见效慢等客观现实，而不思进取、无所作为，恰如"盲人骑瞎马，夜半临深池"，必将被时代抛弃。

"山再高，往上攀，总能登顶"。咨询人当自强！

监理企业信息化建设及未来发展思路探索

张为龙

山东东方监理咨询有限公司

近年来，我国建设工程监理中信息技术的应用取得了跨越式的发展，为了更好地面对和适应大趋势，打造企业的核心竞争力，各监理企业纷纷通过信息化建设来提升自身的规范性，以信息化促进企业转型与产业升级。

一、监理企业信息化的定义

监理企业信息化，通常是指监理企业以计算机、网络为载体、媒介，通过充分开发和利用各种信息资源，实现收集各项目监理部日常所需上报的监理内业资料，做到监理企业各阶段、各环节的信息分类与整合细致，逐步提高监理企业在运转与决策等方面的效率，降低监理企业的安全风险，增加监理企业经济效益和提升企业竞争力的过程。

二、监理企业信息化的意义

虽然目前我国监理行业以信息技术提升传统产业的整体水平还存在着明显的局限与不足，但信息化建设对监理企业的发展有着十分重要的意义。

第一，信息化建设能够帮助企业全面、及时地获取、整合与处理施工现场的相关信息，为及时了解现场实际情况，做出相应决策提供必要的参考依据，增强了工作依据的可信度与准确性。

第二，信息化管理系统是将企业业务管理、办公管理、决策支持融为一体，通过互联网，将信息技术应用于项目管理可以极大地降低企业管理成本，提高工作质量与效益，并确保管理体系的稳定，从而极大地提高工作效率，缩短工作时间。

第三，以互联网为平台的管理系统通过共享同步数据，提高了基础资料的储备质量，规范了监理流程，不仅减少了企业管理层级，更拉近了管理者与执行层、操作层的距离，使信息的交流变得直接而快捷，更易激发人的创造性和开拓性，使企业的文化更有亲和力和凝聚力。

三、信息化系统建设原则与思路

基于当前行业现状，质量控制和安全生产管理的监理工作仍然是监理的核心工作，也是企业员工执业风险的所在。因此，公司监理建设标准化、信息化平台主要围绕质量控制、安全生产监督管理两大核心展开工作，以重点工程监理履职行为为主线，针对项目建设过程中所需的规范规程、管理条例、技术和方法及公司的管理制度等，为现场监理人员梳理、归纳和总结相应的内容、要求和标准，供现场一线监理人员便捷地使用技术资源，以提升现场的管理效率，实现重点工程监理履职行为的标准化。

四、信息化系统的功能优势

公司建立起了包含部门检查记录、工程概况、项目组织机构、影像资料、总监任命、监理月报、质量评估报告、监理工作总结、旁站记录、监理台账、监理指令等内容的信息化平台。部门负责人可通过部门检查记录模块，对受检项目中存在的问题及整改要求进行记录。同时，项目监理人员可通过该模块反馈整改结果及日期。

（一）对一线监理工作的支持与指引作用较为明显，工序配置可让监理人员提前熟悉项目图纸，明确把控重点；工作表单让监理人员在每道工序验收中明确验收重点。

（二）对监理文件的审核流程更加规范和高效，不同类型的监理文件设置了不同的流程，如监理规划，经过系统流程审核通过后，直接到公司进行签章，提高了文件的审批效率。

（三）实现了全公司内跨部门和跨单位之间的内部资源和信息的实时共享，如公司新闻动态、项目大事记、公告、共享文件、知识库等，提高了管理和决策效率。

（四）管理者可通过系统随时随地查看公司各项目工程进展，以及目前重点的履职行为，做到了对项目监理工作的动态了解和管控。

（五）项目部做到一人一账号，各级监理人员责任和分工明确，便于管理。

五、促进监理企业信息化建设的措施

信息化建设是利用现代化手段支撑企业转型升级的途径，是企业未来发展、提高市场竞争力的重要保障。因此，企业将信息化建设提高到战略层面来认识，从战略高度推进企业信息化建设。

（一）信息化制度的建设。无论推行哪种制度或者新做法，相关的办法与规定都是基础性的、必不可少的，信息化建设也不例外。为了规范信息化建设工作的开展，公司制定了翔实的、有可操作性的管理办法，并严格落实。通过开展主题教育、网络安全交底、系统操作培训，提升员工对信息化系统建设的必要性、安全性和操作性等方面的认识，既能保证关键数据的安全性与保密性，也能巩固系统自身的规范性与科学性。

（二）企业领导的大力支持。信息化系统的应用与推广本身就是对固有工作理念与习惯的挑战与变革，其推动的方式必须是"领导自上而下地监督、制度从始至终地落实"，只有如此才能逐渐地、彻底地冲破固有的工作思维，提升信息化系统的使用覆盖率。公司领导高度重视和支持这项工作，通过带头使用，在企业内部树立起榜样，并将信息化系统的使用情况列入各职能部门、项目监理部等

基层部门的考核指标中，与部门"评优、评奖、评先"直接相关。

（三）日常维护的重视与坚持。公司重视信息化系统在后期使用过程中的运维工作，目前把信息化系统的日常运维工作委托给具备相应能力的软件公司，公司设置了信息化兼职岗位，负责完成与系统或网络安全相关的工作，防止以包代管的现象发生，确保在关键时期信息化系统不发生网络安全事故。

（四）内部培训的开展。使用信息化系统的绝大部分人员是各职能部门、项目监理部的员工。项目监理部一线员工具有年龄结构偏大、计算机操作水平较低、学历素质参差不齐、人员稳定性差的特点，都是信息化系统推广使用的不稳定因素。因此，在信息化系统使用的全过程中，公司从信息化系统的意义、操作讲解、试用反馈、安全须知等方面全方位地大力开展有针对性的教育培训工作，确保所有员工都认识到企业信息化建设的重要性、必要性，掌握系统操作的方法，同时通过激励机制，充分调动员工使用系统的积极性。

（五）监理企业信息化的应用，是对传统工作习惯的挑战，即将手写记录、纸质文件式的流转办公转变为计算机网络的信息化办公。为了有效地进行控制并准确、及时地获取工作信息，简化工作流程，保证监理企业信息化建设的有效性和操作应用的流畅性。今后将结合5G网络，充分发挥移动终端和通信互联的优势，进一步深度挖掘基于移动互联网平台的信息管理软件，达到数据实时正确传送，提供更加翔实、准确的情报的目标。

（六）信息化系统是建立在企业标准化的组织和管理流程之上，通过标准化的管理体系架构监理信息化系统，实

现企业管理与项目管理信息化。所以说，信息化建设是一项长期工程，要不断摸索信息化系统与企业管理、项目管理工作之间的契合点，充分让信息化系统服务于企业管理及项目管理。

（七）市场永远没有最适合的信息化软件或平台，要建立具有企业特色的信息化系统。这需要企业不断完善自身标准化体系，进行专业化软件定制设计，同时建立基于移动通信、互联网的多参与方协同工作平台，在重点项目上实现企业与项目其他参与方的信息沟通和数据共享，为项目创造价值。

（八）现阶段的信息化系统依然停留在半智能状态，要真正发挥信息化应用价值，需要不断探索企业信息管理体系，实现智能化、集约化等功能，结合大数据、云计算等技术集成应用，进一步提升信息化的支撑水平，全面实现信息化价值，支撑企业向智慧企业迈进。

参考文献

[1] 魏敏. 基于云平台的A电力监理公司信息化管理研究[D]. 南昌：南昌大学，2021.

[2] 雷凡. 关于监理企业数字化转型的思考及探索[J]. 建设监理，2021（01）：7-13.

[3] 莫超. 搭建适宜监理企业的员工证书管理系统的实践[J]. 建设监理，2020（09）：57-59.

[4] 杨晓楠. 信息化管理软件在监理企业中的推广及成果分析[J]. 建设监理，2020（07）：43-45.

[5] 陈威昂. 监理企业的信息化建设[J]. 建筑科技，2020，4（01）：81-83.

[6] 吴峻名. 信息化管理在工程监理企业的建设研究[J]. 甘肃科技，2019，35（23）：77-78+65.

[7] 邱佳，黄煜楷，尹虎. 监理企业信息化系统建设及未来发展思路探索[J]. 建设监理，2019（11）：25-29+71.

[8] 崔争. 水利工程项目管理云平台的研究与应用[D]. 郑州：华北水利水电大学，2019.

[9] 李军. 工程建设监理企业信息化管理系统设计与应用[J]. 居业，2018（07）：89+91.

[10] 华勤春. 浅析监理企业信息化管理[J]. 建设监理，2017（12）：46-47+51.

[11] 郭莹. 监理企业项目监理机构信息化管理分析[J]. 山西建筑，2017，43（27）：246-247.

践行第三方安全巡查服务，促监理服务创新转型

柏　林　黄　剑　许锐焜　杨海波

公诚管理咨询有限公司

摘　要：随着国家对政府购买巡查服务政策的进一步明确和落地，第三方安全巡查项目成为当前主要服务模式，总结第三方安全巡查服务经验，对促进监理服务创新转型具有非常重要的意义。公诚管理咨询有限公司凭借丰富的监理咨询服务行业经验、完善的企业管理体系、强大的复合型人才队伍，在具体项目实践中逐步积累了一套监理第三方安全巡查服务体系。

关键词：政府购买巡查服务；案例成果；三级安全巡查服务体系

一、监理第三方安全巡查服务模式及案例成果

（一）监理第三方安全巡查的服务模式

当前为各类工程建设项目提供的监理巡查服务主要有两种方式：

1. 全方位的安全生产和文明施工巡查和相关服务

这种服务方式需要为政府质量安全监督机构提供全面的安全生产和文明施工巡查服务，包含责任主体履责管理、重大危险源和安全隐患巡查、日常安全和文明施工巡视、安全生产会议及培训、事故应急管理等与安全生产监督管理相关的各类工作。

这类服务模式对监理服务单位要求较高，需要具备全方位的管理能力。适用于工程建设项目多、监管力量严重不足的监管区域，可以为政府质量安全监督机构的安全生产监督管理工作提供重要补充作用。

2. 提供安全生产某一方面的专项巡查和相关服务

这种服务方式聚焦于为政府质量安全监督机构提供单一种类的专业巡查服务，例如针对危险性较大的分部分项的巡查、针对监管部门组织的短期集中式安全巡检等。

这类服务模式更强调监理服务单位的某一专业技术能力，对该项能力有较高的技术要求。适用于工程建设项目专业类别多，技术力量不足的监管区域，可作为政府质量安全监督机构的有效技术力量补充。

（二）实际项目案例成果

公司自住建部推行政府购买监理巡查服务以来，一直积极参与实际项目的实践工作，充分发挥公司从业时间长、业务区域广、技术人员多的优势，协助参与各层级政府质量安全监督机构的安全质量监督管理工作，为政府部门提供强有力的巡查服务，其中比较典型的服务项目案例为2021年开始实施的"中山翠亨新区第三方安全巡查服务项目"和"珠海市香洲区危险性较大分部分项工程第三方安全巡查服务项目"，分别对应前述的两种服务模式。

1. 中山翠亨新区安全第三方安全巡查服务项目

1）项目背景：中山翠亨新区是广

东省中山市着力打造的引领珠三角产业升级和区域经济转型升级的重要新区，辖区立足打造工程建设质量、安全争先创优的翠亨新区，但由于 2021 年翠亨新区约有 80 个在建项目，数量庞大，监督人员严重不足，造成监督检查频率低，大量施工安全隐患不能及时发现，给建筑工程安全带来严峻的考验，因此，引入第三方巡查服务有着重大的意义。

2）招标方式：公开招标。

3）服务内容：工地现场日常安全巡查、重大危险源和安全隐患巡查、六个 100% 专项检查、责任主体履责检查等。

4）服务情况：公司根据翠亨新区的工程项目情况，组织安排了 20 人的专业技术团队，对辖区在建项目进行全覆盖和全方位安全巡查，每个项目每月巡查不少于 3 次，以速报、周报、月报、季度总结报告和年度总结报告的形式提供巡查书面结果及书面处置意见，协助辖区建立完善的工地巡查机制、项目安全生产标准化体系。

5）实施效果：（1）安全隐患排查全覆盖：3 个月巡查以来，发现安全隐患 2059 处，复查整改率 79.56 %，较大安全隐患 44 处，整改率 100%，消除了大量安全风险，为新区工地安全保驾护航；（2）责任主体到岗率稳步提升：据统计，在 369 次检查中，建设单位代表到岗率 79.8%，施工单位项目经理到岗率 71.7%，总监理工程师到岗率 69.6%，安全员到岗率 94.8%，较 2020 年有较大提升；（3）各项目安全生产工作机制健全合理，检查台账体系完整可追溯。

2. 珠海市香洲区危险性较大分部分项工程第三方安全巡查服务项目

1）项目背景：珠海市香洲区是珠海市重要的行政区域，辖区内工程建设项目多（大约 280 多个），专业范围广（涵盖房屋建筑、市政道路、边坡治理等多个专业），监管技术力量比较薄弱，尤其是在危险性较大分部分项工程管控上存在不足。

2）服务内容：对香洲区范围内危险性较大分部分项工程，如起重设备的安装拆除和顶升加节、高大模板、深基坑、脚手架、吊篮、附着式脚手架、拆除工程、爆破工程等的安全巡查及监管。

3）服务情况：公司组织了 13 人的专业技术团队，对香洲区在建工程存在危险性较大的分部分项工程（包括地质灾害治理工程）进行安全巡查，对高大模板支撑体系在混凝土浇筑前实施巡查验收，检查"危大"工程专项方案的合法性，巡查结果以速报、周报、月报的形式提供了巡查书面结果及处理建议。

4）实施效果：（1）强化了危大工程的管控和隐患治理，实施以来累计形成危大工程安全巡查记录（《建设工程安全巡查意见书》）215 份，其中存在安全问题和隐患的报告 172 份，累计发现各类与危大工程相关的安全问题和隐患 740 个；目前，到整改期限并已完成整改的项目 84 个，累计问题整改 402 个。（2）制定了《建设工程安全巡查意见书》《问题统计跟踪表》等全套管理记录表格模板；（3）建立了一套危险性较大分部分项工程检查标准和巡查工作管理机制，初步形成了危大工程第三方安全巡查服务交付体系；（4）提升了香洲区危大工程管理水平，发现安全隐患，消除安全隐患，有效控制了安全事故的发生。

二、监理第三方安全巡查服务经验总结

公司在积极参与监理第三方安全巡查服务项目的过程中，对服务理念、方案标准、信息化应用、廉洁从业、先进技术工具应用等进行了深入研究，形成了一套成熟的第三方安全巡查服务工作方案，主要涵盖五个方面，其内容如下。

（一）安全巡查服务应建立从"被动安全到主动安全"的服务理念

传统的安全巡查服务，只是简单地提供工地现场隐患的巡查工作，为了巡查而巡查，属于被动的安全巡查服务，无法从根本上杜绝或减少安全违规行为的重复发生，因此第三方安全巡查服务应以"主动安全"为服务目标，帮助各方责任主体提高安全意识，充分发挥他们的主观能动性，主动作为，营造良好的安全生产文化氛围和你追我赶的质量优先环境，从"要我安全"到"我要安全"，从"要我达标"到"我要优先"。

（二）在"主动安全"服务理念基础上，建立和完善"三级安全巡查服务体系"

三级安全巡查服务体系包含建筑工程安全巡查体系、建设工程安全生产标准化达标体系和建设工程安全管理提升体系，三个体系是相互关联、相互递进的关系，其目的是在做好日常基础安全巡查的基础上，逐步建立工程建设项目的安全生产的标准化，进而实现工程建设项目安全生产管理的不断提升。公司针对三级安全巡查服务体系的主要方案内容如下：

1. 建筑工程安全巡查体系

即日常工地安全巡视检查体系，其目的在于建立完善的工地巡查机制，形成标准化和程序化的第三方工地巡查标准，体系主要包含内容如下：

1）综合安全检查，包括巡查的工程各方责任主体是否制定安全生产责任

制度，施工组织设计、专项安全施工方案审核、审批制度，安全技术交底制度，安全检查制度，安全教育培训制度，应急救援预案等；以及是否认真贯彻落实以上制度；内部宣传、教育、培训是否落实。

2）工地安全检查，包括现场工地安全管理、文明施工、脚手架、基坑、模板支架、高处作业、施工用电与施工器具等分项检查及评价。

3）安全生产资料台账检查，包括建设工程中的安全履职资料、安全生产台账（包括：安全生产责任台账、安全生产制度台账、安全生产会议台账、安全生产活动台账、安全检查及整改台账、各类事故及处理台账、发文及信息台账、安全生产设备运行管理台账、法律法规台账、安全生产工作信息台账等）。

4）督促整改、巡查复查，根据巡查时发现的安全隐患和提供的相关整改意见，督促整改，并进行二次安全巡查复查。

5）出具巡查服务的速报、周报、月报、季度报告、年度总结报告等，根据安全巡查相关的检查资料、数据、结果进行整理分析，出具符合要求的检查情况报告。

6）数据分析，利用信息化管理平台，收集安全巡查记录，对数据进行多维度、多层次全方位分析。

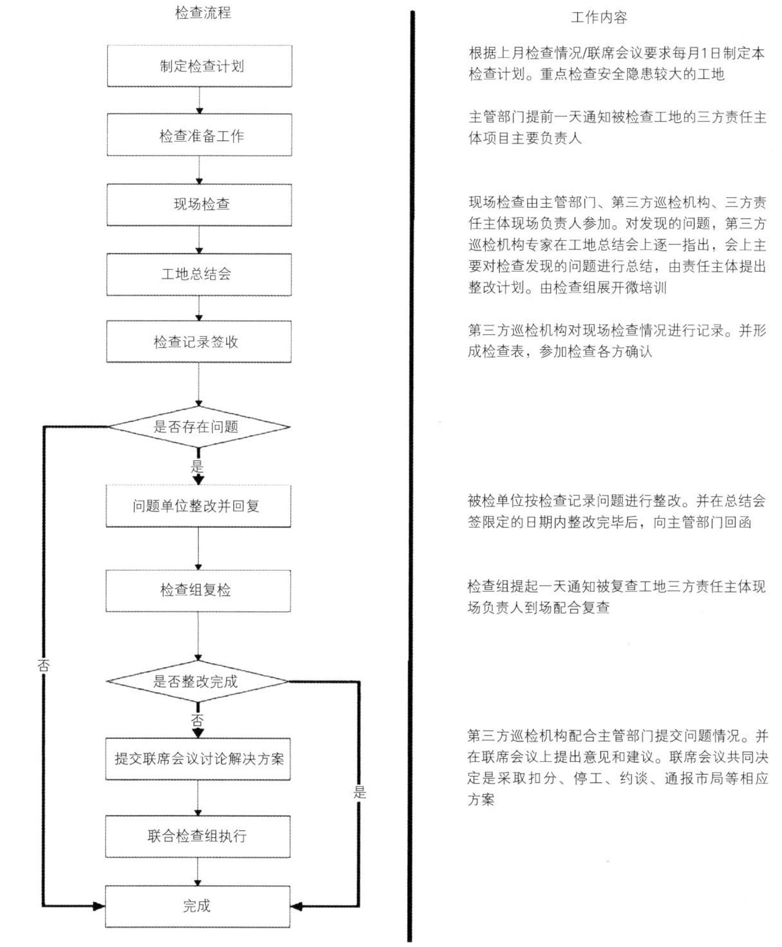

7）形成标准化工程巡查流程，见图1。

2.建设工程安全标准化达标体系

在前述完善日常安全巡查基础体系的基础上，配合政府质量安全监督机构，协助建设主体各方树立标准化管理的理念，减少和杜绝重复性违规行为，建立工程建设安全生产标准化的管理体系，其主要工作内容如下：

开展建设工程标准化达标创建工作，成立辖区建设工程标准化达标创建工作小组，组内完成学习，并向各工地发布相应的工程标准，随即开展标准化创建工作，安全巡查小组通过日常巡查、监督、培训、宣贯等多种手段保证创建效果。

实施建设工程标准化达标评定，各建设工程完成标准化创建后，经过工地自检合格，向安全巡查项目组发起评定申请，巡查小组每季度结合巡查记录以及建设工程标准化评分表进行综合评分，科学评价项目安全状态，对建设工程安全管理现状进行评级。

执行评定结果应用，根据建设工程的标准化评定结果，更新发布建筑工地安全指数，对于安全管理较差的建设工程项目采取扣分、约谈、停工、列入黑名单等措施；对于安全管理较好的建设工程项目给予通报表扬、年度表彰等。

3.建设工程安全管理提升体系

建设工程安全管理提升体系是在安全巡查体系和标准化体系的基础上，通过知识沉淀、培训宣贯、竞赛活动等多种方式，促进辖区工程项目建立安全文化，形成"我要安全"的良性循环。其主要工作思路如下：

编制《质量、安全应知应会手册》《月度工地问题汇编》等总结材料，内容包含安全生产知识应知应会，当月巡查

图1 标准化工地巡查流程图

建设工程发现的各类问题汇编，下发给各参建单位进行全员学习，并且进行抽查以确保学习效果。

编制《安全文明施工管理指导手册》，总结形成适合于辖区质量安全管理指导手册，并发放给各在建工地管理者，为各在建工地管理者提供质量安全管理的技术指导。

每月组织安全论证会议、质量安全培训会议或质量安全生产工作会议，公布公司在巡检中发现的安全隐患和各类分析数据成果，表扬先进、批评落后。

组织开展样板工地评比、参观，现场经验分享。根据辖区内建设工程标准化达标评定结果，选出"优质样板工地"，组织所在建工地单位负责人、安全员到优质样板工地进行参观，由优质样板工地负责人现场分享安全管理经验。树立行业标杆，激励各单位达到更高的标准。

开展安全知识竞赛，有针对性地编制辖区质量、安全知识题库，采用知识竞赛的方式提升各在建工地负责人、安全员的质量安全管理水平。

（三）构建和应用信息化管理系统，实现第三方安全巡视的信息化管理，发挥信息系统大数据和分析功能，为安全生产管理巡查提供决策

公司通过5年来的巡查服务经验总结，初步形成了一套智慧解决方案，目前正在进行有序研发和完善，方案具体实施步骤如下：

1. 信息化管理平台软件开发和应用

PMG系统（PMGenius 智能项管）是公诚咨询自主研发的一款综合性项目管理软件，运用大数据理念进行设计开发，能高效实现项目全生命周期管理。PMG系统结合全项目管理和作业流程，可实现多单位项目协同合作，将任务具体指派至个人，实行权责分明的任务机制，同时通过VR呈现、智能配套穿戴、BIM建模等先进技术进行项目数据收集，智能分析输出重要数据，高效提升了项目管理效率（图2）。

在第三方安全巡查项目中，公司依托PMG系统作为基础平台，运用其前段执行、后端检查和数据分析功能，初步构建了适合工程建设项目的智慧巡检管理系统，目前初步形成以下两大应用板块。

1）日常安全巡查板块：依托PMG系统的智能任务调度基础框架，建立了标准化工地巡查模板、任务调度系统、计划管理、报表系统、影相系统（含VR拍摄）、架构管理六大功能模块，实现了日常安全巡视的智能调度、问题整改跟踪、VR重现、巡查记录存储和自动导出等功能，达成了无纸化作业和线上巡查的智能化应用目标。

2）数据分析和展示板块：通过PMG系统的数据分析和统计功能，实现了项目基本信息、危大工程信息、安全隐患分类、问题整改情况等信息的自动统计和分析，以及工地地图定位和大屏展示（图3）。

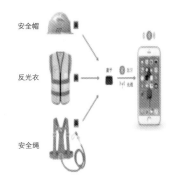

图2　智能配套、数据采集和呈现

2. 利用PMG信息化管理系统平台建立班组和工人级档案库

向辖区内建筑工地开放PMG管理系统使用权限，由施工单位负责执行班组、工人—班组、人—册档案管理制度。

3. 通过持续更新和跟进形成班组和工人的信息库档案

档案分为两级，班组级主要记录该班组的成员组成、项目经历、以往施工质量安全情况等；工人级主要记录工人岗前教育、岗前交底、安全技术培训、劳动技能培训、学历经历等资料，以便加强工人管理，提高工人安全生产意识、技能和能力，及时甄别安全意识薄弱技能不能胜任的工人加以培训教育，确保工地安全生产工作抓牢抓实。

图3　数据分析与展示

4. 利用 PMG 信息化管理系统平台建立企业级档案库

建立所有工地的各参建方花名册，针对安全生产责任落实不到位的单位进行标注，后期该单位再次参与建筑工地建设时，可以快速了解其在施工中可能存在的风险点以及安全生产情况，从而有针对性地进行管控。

5. 利用 PMG 信息化管理系统平台数据功能实施精准管控

针对安全生产管理薄弱的高危工地、黑名单企业所参与的建筑工地和月度综合评分较低的工地，联合检查小组进行高频率检查，以便提高各责任主体安全生产责任感与紧迫感。

（四）建立安全巡查服务的"廉政教育与风险防范工作体系"，规范监理巡查服务从业行为，为监理服务体系增加最关键一层的防护

公司作为行业重要的咨询类国企，建立了完善的党政、纪检和廉洁从业体系，在开展政府第三方安全巡查服务工程中，及时意识到了廉洁从业是监理巡查服务至关重要的管理工作，建立了一套适用于安全巡查服务的"廉政教育与风险防范工作体系"，其主要内容如下：

1. 支部建在项目上：推动当地质量安全监督机构与公司第三方派驻巡查团队联合成立临时党支部，通过临时党支部统筹开展各项党建工作，发挥党员先锋模范作用；同时，将临时党支部作为辖区内建筑工程党建和廉洁教育的主阵地和中心岛，充分发挥党管安全、党管思想的作用，加强巡查组对辖区内各建筑工地的政治工作，积极统筹、调动各工地流动党员的战斗力和政治引领作用。

2. 签订《廉洁承诺书》：巡查机构进驻前，全体巡查员签署《廉洁承诺书》，并由项目负责人带领全体巡查员宣读"承诺"内容并承诺。

3. 开展廉洁宣传教育：由支部纪律委员对全体巡查员做廉洁警示教育，宣贯受贿、违法收受礼金等的相关法律和刑事责任以及对个人、家庭的影响等。

4. 送廉洁下工地：每季度开展一次深化违规收送礼金问题专项整治行动，由支部委员带队对辖区内所有建筑工地进行走访，对建筑工地三方责任主体宣贯廉洁巡查和提出举报监督的工作要求，下发《深化违规收送礼金问题专项整治公告》并做好签收记录。

（五）应用先进的智能化技术工具，提升安全巡查服务的效率

公司在监理第三方巡查服务项目中，积极应用先进的智能化技术工具辅助安全巡查服务，主要应用的领域有以下方面：

1. 智慧飞巡

主要应用先进的无人机技术，对巡查辖区工地总体情况、扬尘情况、道路渣土情况等进行智慧飞巡，提高文明施工检查的效率（图 4）。

2. 工地现场 VR 记录

主要应用先进的 VR 拍摄技术，配套公司工程现场智能穿戴系统和 PMG 终端平台，在对工地现场安全巡视形成

图4　应用无人机技术提升巡查服务效率

VR 现场全景记录，用于工地现场的全方位记录和详细评估。

三、监理第三方巡查服务遇到的问题和解决措施

在服务方案实施的过程中，公司遇到了各类问题和困难，针对这些问题和困难，公司进行了梳理和总结，情况如下：

（一）监理第三方巡查服务实施过程中存在的问题

1. 工程建设项目存在隐患整改不及时、不反馈、不配合现象；

2. 工程建设项目共性问题频发率高，同一类型问题反复发现、反复整改；

3. 参建各方责任主体不到位、参与率不高，对住建局与第三方巡检服务机构组成的安全巡检工作不重视。

（二）监理第三方巡查服务发现问题解决方案

对上述巡查过程中发现的一些核心问题，公司对其本质原因进行了分析，提出了一套行业联动的"6+1"解决方案，主要内容如下：

1. 实施每月一次联席会议

建立主管部门与第三方巡检服务机构联席会议机制。由安全生产委员会及住建局根据每月巡检情况召开安委办、应急局、住建局、第三方服务机构和较差工地参建方（建设单位负责人、施工单位项目经理及总监理工程师必须参会）的安全警示会议，会议主要通报每月巡检情况，对较差工地进行批评，并提出整改意见和要求制定下个月的工作计划。

2. 严格执行一套标准化工地巡查流程

具体程序见本文"建筑工程安全巡查体系"小节。

3. 实施每月一次安全生产状况排名

依据每月巡查发现隐患数目、整改情况、综合评分等，对工地实行月度排名末位扣分（安全动态扣分和诚信扣分），加大检查频次以及停工处罚等。

4. 每月开展一系列履职督查活动

主管部门及公司逐步转变监管方向，除了开展日常工地安全隐患排查外，更注重从检查到岗率、履责台账资料，建设单位履责的"三查"活动，检验参建单位主体责任落实情况。

5. 每月推动一系列执法处罚行动

对于个别工地安全隐患较多、长期拒不整改或者参建责任主体履职不到位的，住建局会同安全生产委员会等其他执法部门对该工程的建设单位、施工单位、监理单位做出书面警告、通报批评、动态扣分、诚信扣分、约谈企业法人、停工整顿等措施。

6. 开展一系列教育培训工作

每年、每半年、每季度、每月组织大型专家培训，同时，检查组既是巡逻纠察队，又是宣传培训队，日常检查工地时除了履行各项检查督促职责外，还为各工地送政策、送宣传、送文件，并进行微培训，成为连接住建局与各建筑工地的宣传纽带。

7. 实施一套信息化解决方案

建立安全巡查信息化解决方案，通过信息化管理平台建立完善的数据台账，对常见问题、责任主体履责、作业人员能力、总体工地评价等进行分析，为实施精准安全管理，抓住核心关键问题进行决策。详细方案见前述第二章"监理第三方安全巡查服务经验总结"。

四、政府购买监理巡查服务发展建议

总结上述经验，结合公司对政府购买监理服务发展状况的分析，现针对政府购买监理巡查服务的发展提出以下建议：

（一）从深度上来讲，应不断总结完善当前已经成型的监理第三方安全巡查服务体系，形成可复制化的服务方案，在此基础上继续挖掘其他服务类型（如监测服务、验收服务等）并形成可行性方案，形成一套完整的政府购买监理服务服务体系。

（二）从广度上来讲，目前监理第三方安全巡查服务已经初步成型，但应用的区域和范围还比较小，对全国各地政府质量安全监督机构的服务支撑作用还不能很好地体现，应加大在全国复制和推广的力度，同时促进除安全巡查服务以外的其他类型服务的落地，加速监理转型工作。

（三）从技术创新角度来讲，工程建设领域应加快适应互联网时代发展的步伐，依托现有成型的信息化应用经验，加大投入实现包括监理巡查服务在内的各类智慧工地、智慧安全、智慧质量等信息化应用，同时配合无人机、VR、智能测量等新技术工具应用，实现全行业的智能化升级。

监理企业参与政府购买第三方巡查服务实践

罗颖瑶　　李广荣

广州建筑工程监理有限公司

摘　要： 文章阐述了监理企业参与政府购买第三方巡查服务的可行性，结合具体的项目实践，介绍监理企业开展第三方巡查服务的工作模式、工作内容、工作流程、巡查要点和服务成果，并分析目前政府购买第三方巡查服务存在的问题，展望监理企业参与第三方巡查服务转型升级的前景。

关键词： 第三方服务可行性；巡查服务实践

一、政府购买第三方服务的可行性

（一）政策支持

2013 年至今，国家、省、市建设行政主管部门先后发布《关于政府向社会力量购买服务的指导意见》（国办发〔2013〕96 号）、《关于促进工程监理行业转型升级创新发展的意见》（建市〔2017〕145 号）、《国务院办公厅转发住房城乡建设部关于完善质量保障体系提升建筑工程品质指导意见的通知》（国办函〔2019〕92 号）、《关于开展政府购买监理巡查服务试点的通知》（建办市函〔2020〕443 号）、《关于贯彻落实〈住房城乡建设部关于促进工程监理行业转型升级创新发展的意见〉的实施意见》（粤建市函〔2018〕339 号）等政策，鼓励采取政府购买社会服务的方式加强对工程项目进行质量安全监管，为监理企业参与政府购买第三方巡查服务提供政策支持。

（二）政府购买第三方服务的需求分析

1. 建筑业在我国各行业中属于高危行业，工程质量安全事故的发生将会造成恶劣的后果，质量安全直接关系着人民的生命和财产安全，与人们的生活息息相关。随着工程项目向着大型化、复杂化的方向发展，施工过程中的安全隐患也在不断增加，而一旦发生安全事故，后果将非常严重。工程质量安全监督，是一项专业性、技术性很强的工作，通过采用购买第三方服务的形式，可以弥补行政主管部门在监管过程中人员和技术力量的不足，增强质量安全检查专业化，发挥第三方服务技术性优势，实现让专业的人做专业的事。

2. 第三方服务机构具有风险判别能力和工程领域的专业技术能力，通过参与质量安全巡查复核，可以大幅度提升工程质量安全监督检查的专业性，控制工程建设风险。监理企业长年驻扎在建设工程管理第一线，具有丰富经验，且在工程质量和安全监管方面有充足的人力资源和技术储备，作为第三方巡查服务机构，可以确保工程质量管控取得好的成效。

3. 第三方巡查服务具有独立性、客观性、专业性等特征，依据服务合同和双方制定的服务标准，按照一定程序提供技术服务。专业技术人员作为独立的第三方，能真实、客观地对工程质量安全状况做出评估，以专业角度开展巡查、发现问题，并提出整改建议，通过巡查行为、数据分析、提出合理化建议等提供专业服务。

（三）监理企业承接第三方巡查服务的优势

1. 对建设工程检查的工作内容一

致。监理企业在施工现场的质量安全管理工作，除了没有行政处罚权外，其内容与政府质量安全监督机构的现场监督检查工作内容大致相同，能够尽快适应检查角色。

2. 监理企业的专业技术人员现场质量安全管理经验丰富，满足政府采购服务的要求。

3. 监理企业的各类专业技术人员齐全，且均有一定的储备，能够根据巡查工作需要及时调配人员，能满足参与政府购买第三方巡查服务的要求。

二、政府购买第三方巡查服务的实践

（一）项目背景

广州某区建设工程质量安全监督站监管在建工程项目约110多个，其中房屋建筑类工程约90多个，市政基础设施及水务项目约10多个，该区项目具有分部范围广、项目数量多且呈增长趋势等特点，质量安全监督站人员力量不足，且人员专业类别不全，难以兼顾所有在建项目。为确保质量安全监管工作做到全方位、全过程、全覆盖，质量、安全隐患得到及时和有效整治，区质安监督部门决定以政府购买第三方服务的形式，对在建工程开展质量安全第三方巡查，以加强质量安全监管力度。

（二）项目服务范围

根据第三方监理巡查服务合同的内容和要求，对广州某区建设工程质量安全监督站监管的建设工程进行质量安全巡查，以工程重大风险控制为主线，对建设项目重要部位、关键风险点进行判定，并出具巡查整改建议。

（三）主要服务工作内容

1. 根据项目的实际情况和质量安全监督站工作需求，制定建设工程监理巡查服务项目实施方案，编制详细的巡查工作计划。

2. 结合季度大检查和专项整治行动等工作部署，对工程实体质量和安全文明施工情况进行巡查，并出具巡查整改建议书。

3. 根据巡查和专项检查情况，每季度出具季度巡查情况报告，每年度出具质量、安全形势技术分析报告，以及项目开展总体情况报告等。

4. 根据质量安全监督站的需求，组织专业技术人员对巡查人员进行专题培训教育。

5. 派遣专业人员驻点全职参与工程质量监督工作。

（四）巡查团队建设

公司签订第三方巡查服务项目服务合同后，立即组建团队，其中：项目总负责人1人，组织协调管理小组5人，信息、技术文档管理组1人，专业技术专家55人；根据每次巡查或专项检查的具体需求，安排相应专业技术专家参与巡查工作。具体架构如下：

1. 项目总负责人主要负责本服务项目的工作计划与安排，根据受检项目具体情况调配组建巡查小组人员，组织编

写季度、年度分析报告，同时负责与质量安全监督站的沟通协调。

2. 组织协调管理小组负责编制巡查工作程序、巡查计划、受检项目台账，编写季度巡查情况报告，负责与受检项目沟通协调，负责协调统筹当日巡查具体事务、汇总巡查结果并出具巡查整改建议书。

3. 专业技术专家负责根据巡查计划参与巡查工作，对建设工程进行质量安全巡查，针对工程存在的风险点提出整改建议。

4. 信息、技术文档管理组负责建立受检项目巡查档案，收集、整理、保管巡查成果资料，配合开展工程技术档案审查（图1）。

（五）工作流程

1. 每季度制定具体巡查计划，明确当季工作重点。

2. 巡查前一天，组织协调管理组成员向专业技术专家对受检项目情况进行交底。

3. 现场检查工作按照先检查施工现场后检查内页资料的顺序进行，现场检查时重点关注国家强制性条文的执行情况，检查后如实填写《现场巡查问题告知单》，重点部位应留取反映现场状况的影像资料。

4. 检查结束后，巡查人员对现场检

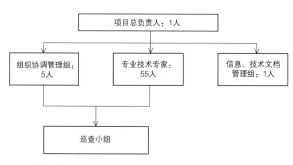

图1 巡查团队架构

查中发现的问题向施工单位、监理单位进行详细说明，并填写《巡查整改建议书》；对于存在重大质量、安全风险的，巡查人员有权要求建设工程立即停工整改。

5. 不定期安排人员抽查复核，并将巡查情况汇总，按照档案管理的有关规定分类归档。

（六）巡查主要内容

根据巡查服务合同要求和质量安全监督站具体安排，对区域内的建设工程进行质量安全巡查，以工程重大风险控制为主线，对建设项目重要部位、关键风险点进行判定，巡查主要内容包括：

1. 内业资料检查：检查建设项目建设、施工、监理等单位关键岗位人员到岗履职情况；检查施工单位项目部质量安全组织机构、管理制度建立情况，安全生产责任制落实情况；危大工程的有关管理规定的执行情况，危大工程方案的编制、审核审批、专家论证、交底、实施情况；检查施工单位安全生产及日常安全教育培训资料、特殊工种持证上岗情况；抽检工程质量资料，检查工程资料的真实性、完整性、规范性和合法性；检查材料、设备、构配件进场验收，检验批、分项分部工程，（子）单位工程验收及隐蔽验收程序；检查分包合同、劳务合同和用工协议签订情况，劳务工资发放情况等。

2. 现场质量、安全行为和文明施工巡查：施工现场安全生产措施落实情况；检查是否按施工图纸、经批准的施工组织设计或专项施工方案施工；检查监理单位的质量安全管理和现场质量安全控制等情况，对工程关键部位和隐蔽工程的旁站、巡视、平行检验情况，各节点、分部分项验收审核情况；危险性

较大分部分项工程和重大危险源的预控和隐患排查、整改情况；巡查项目施工用电、消防安全等安全情况，施工现场及生活区安全文明情况，高处作业和临边洞口安全防护情况，作业人员的安全防护情况；巡查项目"6个100%"扬尘防护措施落实情况；检查对建筑材料、构配件、设备及预拌混凝土的进场检验，试块、试件及有关材料的现场取样、送检是否齐全；巡查参建单位落实行业主管部门文件要求的情况；巡查参建单位对查出隐患的整改落实情况等。

（七）巡查工作成果

工作成果是第三方巡查服务质量的重要体现，在开展现场巡查工作过程中按照服务合同要求提交满足质量安全监督站要求的阶段性成果，提交报告时间应满足合同约定的节点时间。

1. 前期准备阶段，根据招投标文件、服务合同的相关需求，制定具体巡查实施方案，报质量安全监督站审核。

2. 现场巡查时，针对受检项目存在问题填写《巡查整改建议书》。

3. 当日巡查工作结束后，对每个受检项目形成独立的工作简报，工作简报内容主要包括项目信息、检查人员、存在问题及图片和建设项目重要部位、关键风险点情况的判定等。

4. 每季度巡查任务结束后15个工作日内，编制季度巡查情况报告，汇总上一季度巡查发现的主要问题，提出阶段性的质量、安全风险管控建议，提交质量安全监督站。

5. 每年出具年度质量、安全形势技术分析报告，对年度巡查过程中发现的问题进行归类、对比、全面分析，列出典型质量安全隐患问题、分享优秀案例，对巡查区域内的受检项目进行整体评估，

形成系统性的反馈，并向质量安全监督站提供专业监管建议。

6. 整体巡查服务工作结束后30个工作日内，编制项目开展总体情况报告，提交质量安全监督站。

三、政府采购第三方巡查服务存在的主要问题

（一）第三方巡查服务缺少相关计费标准

目前第三方巡查服务的计费标准没有法律法规可参照，政府部门也没有出具指导性文件，现阶段常用的计费方式主要按照拟派人员数量和工资水平进行成本测算。根据本监理企业在上述项目的实际情况，对服务合同金额与成本费用进行对比基本持平，合同利润极微甚至可能出现亏本的情况，长久以往将挫伤监理企业参与政府购买监理巡查服务的积极性。为保证第三方巡查服务质量，建议政府出台合理的社会化服务定价机制，提高监理企业参与政府购买服务的信心。

（二）服务时间的对称安排问题

根据巡查服务合同要求，专家组人员需符合一定的条件，如职称、执业资格、专业分类、工作经验等要求，一般为多年从事施工和监理工作的资深总监理工程师或高级工程师。专家组成员均为企业内部的骨干力量，在监理项目中担任总监理工程师或总监理工程师代表职务，日常工作较为繁忙。质量安全监督站下达巡查任务只会提前一天通知联络人员隔天的检查巡查安排，导致专家服务任务与单位专职工作时间安排上发生冲突，存在专家无法抽身参加巡查任务的情况。由于工作时间的非对称性而

导致的专业人员经常性缺位，有可能加剧政府部门对购买社会服务质量的担忧，而逐渐消耗政策要求所应坚持的热情和耐心。

（三）缺少第三方巡查服务工作标准、规范和考核标准

第三方巡查服务仍处于试点推广阶段，对于工作方式、工作制度、工作标准和工作流程等没有指导性文件，基本上是根据所委托的政府部门具体要求制定相应的工作方案，并根据当期特殊要求进行临时调整。对于第三方巡查服务的考核也没有相应的评价标准，对工作的评价具有一定的主观性。

四、政府购买第三方巡查服务的展望

（一）广州市建筑业发展规模不断扩大，而行政主管部门或监督机构由于受制于行政机构或事业单位性质的影响，人员总数相对保持稳定，未随受监工程数量增加而同步增长。使得质量安全监督机构的监管模式难以适应日益扩大的基建规模与先进的建设技术，出现政府监管不全、监督工作不平衡等问题。政府购买监理巡查服务可以弥补上述不足，加强政府对工程建设全过程的质量监管。

（二）政府购买第三方巡查服务可以促进建设工程监督管理专业化、标准化。随着基建工程项目的快速增长，需要大批监理企业提供高质量的专业化、社会化工程监理服务；工程监理服务是以专业技术与经验为支撑的提供脑力劳动满足政府部门对工程监理需要的高智商活动。工程监理服务的需要和监理企业的转型升级俨然成为政府购买服务的两大推力，服务合同需要交换价值对等才能长久维持。为了促进工程监理政府采购服务制度化、长期化，有必要由政府出面主导制定切实有效的工程监理社会化服务定价机制和聘受双方互信机制，助力政府购买监理社会化服务朝向正大光明的方向前进。

（三）住建部试点政府购买监理巡查服务，在鼓励支持监理企业进一步拓展服务主体范围的同时，也是转变政府职能的创新之举；通过引入竞争机制，将专业服务交由具备条件的社会力量承担，主管部门可以集中精力做好宏观监管。

（四）监理企业参与第三方巡查服务可以拓展服务主体范围，但对企业内人员素质要求较高，是发展机遇，更是挑战。监理企业除了要有扎实的基础外，需进一步提高技术水平和服务水平，积极培养人才，建立学习型、创新型、技术型企业，形成核心竞争力，具备为市场提供特色化、专业化监理服务的能力。

管理新机遇助推医疗建筑高质量建设

郭建明

河北冀科工程项目管理有限公司

摘　要： 党的十九大报告在"提高保障和改善民生水平，加强和创新社会治理"部分，明确提出了"实施健康中国战略"。健康中国旨在全面提高健康水平的国家战略。以提高人民健康水平为核心，以体制机制改革创新为动力，从广泛的健康影响因素入手，把人民健康放在优先发展的战略地位，大幅提高健康水平。健康中国战略，已成为国家发展基本方略的重要内容，因此，医疗建筑配套设施的建设、医疗资源的整合和优化、医疗环境的健康十分重要，这也为企业的改革创新提供了新机遇、新挑战。医疗建筑具有专业系统性强、使用功能流线复杂、界面划分多等特点，好的医疗建筑需要规划、设计、管理、运营等多角度、多学科的交叉融合。而提升现有医疗建筑与服务的品质，切实改善广大人民群众的医疗状况，实现"人性化"的医疗建筑建设，则更需要创新模式的出现，为实施健康中国战略提质增效。

关键词： 医疗建筑；数字管理；协同发展

一、企业基本情况

河北冀科工程项目管理有限公司成立于 1995 年，是河北省建筑科学研究院直属国有企业，高新技术企业。企业以"全过程工程咨询管理"为主线，整合前期咨询、规划设计、造价咨询、招标采购、工程监理、BIM 信息化技术、绿色建筑咨询等专项业务，开展全过程工程咨询服务。

企业下设多个事业部和分公司，业务涵盖房建、市政、机电安装、电力、通信等行业和领域，足迹遍布全国。被省级人民政府、行业协会多次授予"行业科学技术进步奖""先进监理企业"。

企业一直致力于医疗项目的建设工作，累计完成近百余项医疗建筑项目，赢得多个奖项，荣获 2021 年九届中国医院建设十佳咨询服务供应商。

企业始终以标准化体系、人才强企战略，科技创新驱动、信心化技术辅助管理为基础，以专业化、区域化的运营模式为手段，推进企业可持续发展。

二、优化企业管理，服务医疗建筑发展

（一）完善管理制度，提升管理水平

企业以党建与生产经营深度融合为基础，不断规范和完善各项管理制度。企业党政办对全体员工的廉洁、诚信执业情况进行定期培训与考核。人力资源部通过完善的人才培养、绩效考核机制，对全员工作质量，服务水平进行检查考核。经营部按合同管理信用制度，增强合同主体法律地位平等意识，降低法律风险。技术部按项目标准化管理，制定专项的规章制度和工作标准，保证项目实施过程中规范管理工作。生产管理部按标准管理体系每季度对工程质量、安全、进度进行联合检查，加强过程控制，确保安全生产。各项制度标准化的建立和实施保证了项目流程化管理高效运转。

（二）强化队伍建设，牢固发展根基

加强人才队伍建设，保障医疗建筑项目的顺利实施。

组建"医疗建筑"领域专家团队对医疗建筑中的洁净工程、屏蔽工程、净化空调工程、建筑能耗管理系统等领域进行系统化、体系化技术研究。

组织成立企业学院"一对一人才研修班""全过程咨询启航班"以"传、帮、带"的形式加强人才队伍的建设；以"放大格局，提高站位"为主要指导思想，持续提升团队意识与能力，为精细化管理提供保障。

搭建"医疗建筑"跨学科研究平台，组建由医院建设及管理专家、科研院所专家、高校教授、医疗设备专家等组成的医疗建筑整合专家团队。加速医疗建筑产业化研究，促进科研技术及成果转化。

通过人才梯队建设，为企业在"医疗建筑"领域深入研究奠定了跨学科、多元化、多层次的人才储备基础，为企业开展医疗建筑全过程工程咨询服务提供了强有力的技术、管理支撑。

（三）发展数字管理，加强服务能力

1. 企业信息化管理

企业不断推进信息化平台在项目实施中的应用，并自主研发技术管理平台，平台的建立实现了各类报表的即时输出、管理资料的快速查询、管理运行常用数据的分析、自动薪资体系的生成，大大提高了企业对项目管理的工作效率。通过项目管理信息化平台建设，为企业实现精细化、科学化和系统化管理起到基础性作用。

2. 基于BIM的信息技术管理

在项目建设的管理过程中运用"BIM+"技术、无人机、总监宝、远程视频监控系统、环境监测系统、VR安全体验平台等智慧工地信息技术，为参建各方提供了信息化共享平台，通过功能模拟、方案优化、过程动态管理、运维管理等功能模块实现参建方高效便捷互通、互利、互赢，通过大数据推动建筑智能化管理，改变传统的监管方式，有效辅助项目管理工作，大大提升现场管理精度和效率。同时"医疗建筑"造价及相关数据库应运而生并不断更新。

（四）优化项目管理，规范服务标准

企业根据委托合同内容，对项目进行前期咨询、项目管理、全过程咨询等工作。在项目实施的过程中，建立项目组织结构，明确各专业人员岗位职责，制定项目管理具体目标、工作程序和工作制度，规范项目协调机制、考核机制、标准体系、风险预控等管理机制，配齐专业人才、配备专业检测工具，以技术服务为主线、组织协调为手段、信息管理为支撑，对项目的质量、进度、投资、安全、合同、信息进行管理和控制，保证各项目标的顺利实现。

三、聚合创新资源，赋能企业发展

（一）科技创新驱动发展

企业成立了以博士工作室为研发核心的六个创新技术中心，建立了专业配套的技术研发团队：医疗建筑研究中心、绿色建筑研究中心、大市政（路、桥、污水、净水）研究中心、轨道交通研究中心、全过程咨询技术研究中心、BIM及信息化技术研究中心，持续进行技术创新和管理创新。一室六中心先后累计完成创新项目20余项。其中，取得省政府科技进步奖1项，省级科技奖项4项，完成行业标准编制4部，申报专利成果

20余项，逐步实现企业"技术+管理"型的转变和可持续发展。

（二）平台建设促进持续转型

获批成立河北省建筑结构绿色建造技术创新中心和石家庄市健康建筑技术创新中心。其中河北省绿色建造技术创新中心主要开展新型无梁楼盖结构及其建造技术、装配式钢—混凝土组合结构及其建造技术、复杂隔振减振装置产业化与结构控制技术3个方向的专业研究。石家庄市健康建筑技术创新中心，主要开展健康建筑性能评价及检测检测技术、健康建筑节能技术、健康建筑智能建造与信息化技术3个方向的专业研究。平台建设进一步促进了企业持续创新与产业升级。

四、践行初心使命，勇于担当责任

企业以廉洁自律、诚信执业为基本要求，勇担当、善作为，将党建工作与企业发展紧密结合，发挥党员模范带头作用，积极践行国企社会责任。

（一）长期积累，应急筹备

2020年初，武汉新冠疫情迅速蔓延之时，受河北省卫健委委托，组建以本企业医疗建设专家团队为核心的省内外医疗建设专家近百人，成立疫情防控应急专家组，先后完成"河北小汤山医院""河北方舱医院"建设预案、完成"河北省PCR实验室"建设导则。并为河北省常态化防控提供长期技术支持，先后为百余家医院提供整体或专项技术支持。

（二）黄庄抗役，责任担当

2021年初，石家庄疫情来临之时，在河北省建筑科学研究院有限公司领导带领下，积极响应省委省政府、省卫健

委、省住建厅号召，迅速动员成立近两百名技术专家组建突击队，积极参与疫情紧急隔离点的建设，参与隔离公寓整体设计，负责项目现场管理及全面技术支持工作。在质量、安全、进度管理方面，发挥了重大的作用，确保应急隔离设施按期完成。

（三）设施提升，技术支持

2021年初，受石家庄市多所医院委托，对其设施进行技术提升支持。企业选拔业务骨干，对医疗设施功能需求和运行维护、洗消池建设等进行深入研究和施工部署，提供全过程技术支持，圆满完成了工作任务。为省会整体抗疫提供及时、体系化的技术及管理保障。

五、加强学会引领，助力医疗建筑协同发展

为推动河北医疗建设事业发展，本企业联合高校、科研院所、医疗机构、企事业单位等于2019年6月18日发起成立"河北医建整合联盟"。该联盟的成立为河北省医疗建设的科学化发展搭建了跨学科资源整合平台。联盟成立两年以来为河北省疫情期间的应急筹备，常态化防控起到积极作用。多次受到省政府、省卫健委的表扬。

为加强医疗建设专业化、体系化、持续性研究，在河北省卫健委、河北省民政厅支持下，在"河北医建整合联盟"的基础上，于2021年11月7日发起成立了"河北省医疗建筑学会"，该学会是全国首家省级以医疗建筑发展为主要研究方向的多学科整合学会。学会主要承接政府主管部门及行业专题科研研究；建立具有国际化视野、综合创新能力的医建整合智库；进行社会调研及政策研究；搭建政、产、学、研、用一体的资源交流平台；提升医疗突发事件的应急处理能力，以及医疗单位建设及管理能力。

作为主要发起单位，"河北医建联盟""河北省医疗建筑学会"的成立，促使我们对医疗建设的持续深入研究，加速了企业在医疗建设领域的体系化研究，促进了更多科研成果的转化，同时增强了国有企业的担当能力，增强了国有企业跨学科、多领域的整合能力，也为更多的企事业单位提供了合作的资源与平台。

结语

在建筑业转型升级的趋势下，在国有企业持续深化改革的大潮中，我们将立足当下，以"匠人精神"践行精益求精，以"科研思维"促进持续创新，以"跨学科研究"加速资源整合，以"国企担当"实现高质量发展，助力健康中国伟大战略！

监理企业向全过程工程咨询服务转型的浅议

李 杨

海逸恒安项目管理有限公司

一、全过程工程咨询已势不可挡

（一）自 2021 年 7 月 1 日起，住房和城乡建设主管部门停止工程造价咨询企业资质审批，工程造价咨询企业按照其营业执照范围开展业务，行政机关、企事业单位、行业组织不得要求企业提供工程造价咨询企业资质证明。

（二）2021 年 4 月 1 日国家发展和改革委员会正式废止《中央投资项目招标代理资格管理办法》（国家发展改革令 2012 年第 13 号），这标志着中央投资项目招标代理资格的彻底取消，也意味着招标代理资质已被全部取消。

（三）2017 年 11 月 15 日，发改委发布《工程咨询行业管理办法》（国家发展改革令 2017 年第 9 号），对工程咨询单位实行告知性备案管理。第二十二条明确指出，国家发改委应当推进工程咨询单位资信管理体系建设，指导监督行业组织开展资信评价，为委托单位择优选择工程咨询单位和政府部门实施重点监督提供参考依据。第二十六条明确指出，行业自律性质的资信评价等级，仅作为委托咨询业务的参考，任何单位不

得对资信评价设置机构数量限制，不得对各类工程咨询单位设置区域性、行业性从业限制，也不得对未参加或未获得资信评价的工程咨询单位设置执业限制。

（四）2021 年 3 月 11 日，发改委管网留言中明确：政府投资的可行性研究报告由谁编写由项目单位决定，属于市场化行为。

（五）2021 年 7 月 1 日后，工程监理将成为工程建设行业内唯一具有企业资质的工程咨询企业。

这些改革的要害就是要打破行业的"隔离墙"，使工程咨询、造价、招标代理等产业融合，向全过程工程咨询转型，全过程工程咨询趋势已势不可挡。

二、监理企业向全过程工程咨询服务转型的意义

（一）建筑行业发展至今，传统工程监理模式仅在项目建设实施阶段提供服务，已无法满足当前需要。国家在《建筑业发展"十三五"规划》（建市〔2017〕98 号）中明确了建筑业未来发展方向及目标，鼓励企业通过并购重组、联合经营等方式，整合前期咨

询、勘察、设计、监理、招标代理和造价咨询等资源，开展全过程工程咨询工作。这样的服务能够使业主得到建设工程项目从立项、开发、建设、验收、运营、维护等全生命周期的工程咨询服务。

（二）第三方工程管理服务所整合包含的各专业行业壁垒被逐步打破，各监理企业必然都会将市场扩大到相对封闭、竞争不够激烈的工程建设行业专业领域，促使各企业的较量由传统的粗犷式竞争转向现代精细化运作体系的竞争。

（三）工程全过程咨询和监理最大的不同在于整理资源的能力，工程监理行业必须与时俱进，积极投身接轨新政策、新技术对传统服务行业的颠覆性改造和升级，提升改造监理服务方式，优化企业管理流程，整合服务资源，集成服务要素，提升专业技术水平，从而达到提高供应企业系统性解决服务需求能力的目的。

三、监理企业向全过程工程咨询服务转型的优势

（一）监理基本参与了工程建设的大部分过程，特别是在工程建设阶段，监

理充分发挥"四控两管一协调"等举措,与项目参建各方联系紧密,拥有丰富的组织协调和协同管理的实践经验。

（二）全过程工程咨询企业最重要的资源是人力资源,提供的服务能否得到业主的认可,关键在于是否有一支优秀的全过程工程咨询服务团队。作为原来以工程监理为主成熟的监理企业来说,拥有众多经验丰富、业务精干的监理工程师和一定数量长期磨合、团结协作的管理团队,为业主提供以施工阶段监理为主的服务,同时,也多少为业主提供前期策划、造价咨询、采购管理、勘察、设计、质量控制、安全管理、竣工验收与移交管理、信息管理、风险管理、建设手续办理等相关服务,为在全过程工程咨询服务中担任各个岗位负责人打下了良好的基础。

（三）监理本就在工程建设中充分发挥了控制工程投资、质量和安全,协调工程进度等作用,在转型全过程工程咨询方面具有先天优势。

四、监理企业向全过程工程咨询服务转型的策略

（一）全过程工程咨询服务需要将工程建设全过程各阶段进行高度融合,需要大量的高端、复合型人才支撑,应分层次、分专业对监理企业全员进行培训,形成常规化培训体系,包括高潜力员工培训、青年人才培养计划等,通过培训提升全员技术知识、管理能力以及品德及责任心等,促进企业与员工的认识统一、目标一致、价值观一致,加强人才队伍建设,提高企业的人才聚集能力。

（二）监理企业应与时俱进,不断转变传统监理企业形象,在工程监理职责继续保留的基础上,利用现有资源,拓展出综合管理、设计技术管理、招标采购管理、造价咨询管理业务,运用BIM技术、自主研发工程信息管理平台、创建数据库等新技术、新方法；同时加大社会宣传力度,不断提升企业品牌影响力。

（三）在咨询服务内容上进行纵向叠加,从施工监理向前后两端延伸,向全过程化发展。监理企业应根据自身基础和条件,审时度势,确定企业发展方向,形成全过程、全方位、多元化的咨询服务能力,在施工监理的基础上向前延伸到前期策划,向后到运营及维护阶段。打破历史原因造成的"条块分割"现象,从碎片化咨询走向全过程咨询。

（四）在咨询服务类型上进行横向拓展,早期通过联合体积累业绩和经验,逐渐拓宽经营资质,向宽深化发展。由于历史原因,大多数传统工程监理企业的业务范围较为狭窄,多集中在工程施工阶段的质量控制和风险防范,较少涉及前期勘察和设计阶段,历史工程业绩中缺乏除施工监理以外其他工程阶段的业绩,这是获取全过程工程咨询新项目的一大弊端。在实施全过程工程咨询前期以联合体形式打开市场积累业绩和经验后,通过企业并购、重组、合作、参股来延伸产业链,补齐资质、资格短板,拓展规划、设计、评估咨询等经营资质,使其向宽深化发展,最终覆盖建设全过程,从项目的前期论证到项目实施管理直至后期评估等一整套系统咨询业务范围,实现项目全生命周期的投资控制、进度控制、质量控制这三大目标统筹管理,真正成为工程领域系统服务的主体。

结语

监理行业实现转型既是未来行业发展趋势,也是时代要求,监理转型是行业发展的必经阶段,在社会投资总量持续增长,工程建设要求显著提高的大背景下,完善工程建设组织模式,培育全过程工程咨询,成为现阶段具有战略意义的重大任务,监理企业有必要、有能力、有信心与工程项目全过程咨询服务进行结合发展、相互成就,共同建设新型市场模式。全过程工程咨询作为市场经济下的建设项目咨询模式,解决工程咨询碎片化问题,提高委托方建设项目全生命周期决策的科学性、组织实施的专业化和运行的有效性,确保项目投资效益发挥的需要,相信会得到更多人的认知和理解。全过程工程咨询过程中铺设组织轨道、计划轨道、合同轨道,搭建信息管理平台,统一参建各方认识,整合社会专家资源,完善管理制度,严格工作要求、严格监督管理,使项目建设的全过程法制化、标准化、规范化和程序化,确保实现项目建设目标。

参考文献

[1] 包海蓉. 建设监理企业转型升级分析 [J]. 常州工学院报, 2018, 31 (3) : 49–52.
[2] 贾福辉, 时代. 工程监理企业转型升级实践与突破 [J]. 建设监理, 2018 (6) : 7–11.
[3] 史高春, 王云波. 关于监理企业转型工程建设全过程工程咨询服务的对策研究 [J]. 北方建筑, 2017, 2 (4) : 73–77.
[4] 陈斌. 浅谈对全过程工程咨询的认识与思考：学习《关于推进全过程工程咨询服务发展的指导意见》[J]. 建设监理, 2020 (5) : 50–51.

危大工程的安全管控实践与思考

赵 伟

北京化工大学

摘 要： 随着建筑行业的高速发展，建筑工程的体量和施工难度越来越大，建筑工地所面临的安全形势也日趋严峻，每起安全事故的发生都会给一个家庭带来灾难性的打击，给企业和社会造成负面影响。尤其是危险性较大分部分项工程，其具有施工难度大、危险系数高的特点，若疏于安全管理，容易导致群死群伤事故，造成十分恶劣的影响。因此，施工现场必须高度重视危大工程，并严格落实有针对性的管理措施。本文以北京化工大学昌平新校区文科楼、研究生宿舍一期建设项目为例，对危大工程的安全管理措施进行简要分析。

关键词： 危大工程；安全管理；措施

一、工程概况

本工程位于北京市昌平区南口镇南涧路 29 号，总建筑面积 43727.63m²，其中：文科楼建筑面积 20239.63m²，研究生宿舍建筑面积 23488m²。文科楼地下一层，层高 4.8m，地上四层，层高 4.2m，建筑高度 21.5m；研究生宿舍地上五层，层高 3.5m，建筑高度 18m。

二、危大工程识别与分级

根据《危险性较大的分部分项工程安全管理规定》(住建部令第 37 号)，危大工程的定义是指在房屋建筑工程及市政基础设施工程施工过程中，容易造成群死群伤或重大经济损失的分部分项工程。危大工程分为危险性较大的分部分项工程和超过一定规模的危险性较大的分部分项工程，其具体范围由中华人民共和国住房和城乡建设部来制定。要想切实有效地落实有针对性的危大工程安全管理措施，首先要对本工程所涉及的风险源进行辨识，编制《项目部施工安全风险识别清单》，并落实分级管控措施。再从风险源中识别确定哪些属于危大工程，并编制《危险性较大的分部分项工程清单》，在工程项目施工前施工单位应该填写《危险性较大的分部分项工程汇总表》，并报监理单位、建设单位留存。危大工程一般包括基坑工程、模板工程及支撑体系、起重吊装及起重机械安装拆卸工程、脚手架工程、拆除工程、暗挖工程等，本工程涉及的危大工程有深基坑工程、模板工程及支撑体系，并且本工程基坑开挖深度超过 5m，模板

支架搭设高度局部大于 8m，因此以上两项工程属于超过一定规模的危险性较大的分部分项工程。

三、建立危大工程安全管理组织机构

建设工程的安全管理工作涉及面广且专业繁多，要想将安全管理制度和措施有效落地，各参建单位均须建立安全管理组织机构，来分层落实各项安全管理动作。针对各类危险性较大分部分项工程也必须建立起相应的管理机构和体系，管理组织机构应明确各分部分项危大工程的方案编制人、现场检查验收人、隐患整改排查人、监理单位和建设单位复查责任人等，把每一项危大工程的管理职责分配到具体的人员身上，明确各

管理人员"权、责、利"，可有效提升危大工程的管理水平和安全隐患整改效率。

另外，总包在与分包签订安全生产管理协议时，应明确各参建单位各自应承担的安全管理职责和相应的管理人员的配置要求，尤其要明确危大工程的安全管理职责，实现约束各参施单位的安全管理行为的目的，提升危大工程管控能力。

四、危大工程专项施工方案管理

危大工程专项施工方案内容的合理性、现场执行的合规性，对施工安全起着决定性作用，因此在危大工程管理过程中要充分重视方案编制、审批、论证、交底等工作环节。在各危大工程施工前，施工单位必须按照相应的法律法规、规范、技术规程及《危险性较大的分部分项工程汇总表》等文件来编制各专项施工方案，方案编制前施工单位应该从建设单位处首先获取齐全、有效、准确的水文地质、工程地质以及项目周边环境等档案文件。专项施工方案一般是由总包单位来编制，但当危大工程实施专业分包或专业承包时，危大工程专项施工方案可以由专业分包单位或专业承包单位进行编制。专项施工方案由专业技术人员编制完成，经施工单位技术负责人审核签字、加盖单位公章，并报总监理工程师审查签字，并且盖总监执业印章后才能组织现场施工，超过一定规模的危大工程专项施工方案，还应当由负责工程安全质量的建设单位代表审批签字。专项施工方案按照规范流程来层层审批，可提高方案的实施性，降低方案缺陷带来的风险。

对于本工程的深基坑工程、高支模工程这类超过一定规模的危大工程，在完成项目施工单位、监理单位、建设单位等内部参建单位的审批后，施工单位还必须组织专家论证会，由专家对专项施工方案的完整性、可行性以及安全验算的合规性等方面进行系统的论证。专家论证会结束后，专家组成员出具《危险性较大的分部分项工程专家论证报告》，五位专家对论证报告签字确认并对论证内容负责（图1）。

危大工程专项施工方案现场实施前，方案编制人员或项目技术负责人必须对项目生产管理人员开展书面的方案交底，现场管理人员必须对全部作业人员开展书面安全技术交底，方案交底和安全技术交底均须交底人和被交底人双方一同签字确认（图2）。

五、危大工程现场日常管理措施

（一）材料进场管控

在危大工程中，如果说人员的规范操作和标准施工是安全的核心，那么材料供给就是核心保障，只有材料供给到位才能确保现场的施工顺利推进，但是在保证材料供给充足的同时更要关注材料规格的质量是否满足要求。目前建筑行业材料质量整体呈上升趋势，但市面中仍存在一些不合格的材料，尤其是不充当永久性结构主体的措施类周转材料，比如模板支撑体系和脚手架体系中采用的各类钢管，按照国标要求钢管规格为48.3mm×3.6mm，但是市面只有很少一部分钢管能够达到国标3.6mm的壁厚要求，大量的钢管壁厚在2.8～3.0mm，壁厚的减小相应削减了钢管的承载力和稳定性，因此在材料进场时应该重点关注钢管等安全施工材料的质量情况，加强进场材料验收。同时在方案编制过程中进行受力计算时要综合考虑市面实际材料质量情况，按照最不利条件进行保守计算才能保证安全（图3）。

材料的质量对于危大工程的安全保障是重要的一方面，材料的规格和型号

图1　危大工程专项施工方案专家论证

图2　危大工程方案、技术交底

图3　材料检查验收

也同样重要。比如采用碗扣式或轮扣式的模板支架体系，为了保证自由端高度和步距满足方案要求，必须采用特定长度模数的立杆进行接长组合才能实现，如果进场立杆的长度模数不符合要求，那么无论工人的施工水平再高也搭设不出来满足规范和方案的架体，必然会造成自由端超高或步距过大的问题。

（二）过程检查、整改及验收

对于危大工程安全管理，专项施工方案的内容完备是前提，现场施工过程的监督、检查整改及验收是关键，在把握前提的同时还要抓住关键才能切实保障安全。项目安全员需要监督检查危大工程专项施工方案的现场执行情况，如发现存在未按专项施工方案施工的情况，应要求操作工人和班组立即整改，并及时向项目负责人反馈，项目负责人收到反馈后须立即组织人员限期整改。对于按照规定需要验收的危大工程，施工单位、监理单位应当组织相关人员进行验收。验收合格的，经施工单位项目技术负责人及总监理工程师签字确认后，方可进入下一道工序。参与危大工程的验收人员必须符合《危险性较大的分部分项工程安全管理规定》（住建部令第37号）的相关要求，施工单位人员包括：

总包单位和分包单位的技术负责人、项目技术负责人、项目负责人、方案编制技术人员、专职安全员；监理单位人员包括：项目总监及各专业监理工程师；还需要有关设计、勘察以及监测单位的项目技术负责人来参与验收。危大工程通过验收后，应该设置验收标识牌，标识牌位于施工现场明显位置并公示验收责任人和验收时间等。

（三）危大工程巡视、监测

危大工程在实施过程中应重点巡视检查现场施工的构造、节点、措施等是否满足方案要求（施工、监理角度均适用），是否存在异常或隐患。比如对于本工程涉及的模板支架工程（碗扣式脚手架体系）在巡视检查时应重点关注立杆上端的自由端长度是否超出650mm，扫地杆离地高度是否大于350mm，可调丝杆的伸出长度、水平杆步距和立杆间距、水平剪刀撑和竖向剪刀撑的构造是否满足方案和规范的要求。此外，对于模板支架体系，还应重点巡视地基是否积水，底座是否松动，立杆是否悬空，连接扣件是否松动，架体是否有不均匀的沉降，施工过程中是否有超载，支架与杆件是否有变形等现象。通过过程中的巡视检查来提前发现

安全隐患问题，可以提升整改效率，降低整改难度，同时相比于完工验收时再要求整改，施工班组整改配合的意愿也更高一些，能获得更好的整改效果（图4）。

对于本工程涉及的深基坑工程，在其施工及使用阶段，总包单位应每天巡视检查并进行相应记录，日常巡视应重点关注冠梁、支撑、围檩是否有裂缝，支撑、立柱是否有变形，基坑周边地面堆载是否满足要求，周边道路或地面是否有裂缝或沉陷等。除了日常巡视检查外，建设单位还应委托具有相应资质的第三方单位对深基坑工程开展监测工作。当巡视检查或监测过程中发现隐患、变形速度异常或变形接近预警值时，施工单位及第三方监测单位应立即向建设单位报告，并适当提高监测频率。当出现危险事故前兆时，第三方检测单位须实时跟踪并进行监测，向建设单位实时报告，建设单位应组织施工、设计等相关单位立即对深基坑工程支护结构及周边环境采取紧急保护措施，必要时要组织专家论证来决定下一步处理措施，确保基坑工程安全（图5）。

本工程文科楼结构形式多样、标高

图4 模板支架安全巡视检查

图5 基坑安全监测

层次复杂，且存在深基坑、超限梁、高支模、悬挂式现浇异形挑檐等多个危险性较大的分部分项工程，施工技术难点较多，给项目施工组织、质量控制及安全管理带来了极大挑战。新校区建设指挥部始终贯彻"安全第一、预防为主"的安全管理方针，不断总结前期建设经验，不断完善和改进安全管理方法，坚决落实"三检"机制。通过技术难点专题研讨、关键部位全程监督、危大工程专家论证等多措并举的方式进行安全管控，使得本工程在安全管控方面取得了良好的效果，项目施工过程中未出现重大安全隐患，未发生安全事故。

结语

安全管理是施工管理的重中之重，而危大工程的管理又是安全管理的重中之重，因此在项目建设过程中必须充分重视危大工程的日常管理，在工程开工前要进行风险源和危大工程的辨识，在危大工程施工前要做好方案的编制、审核和论证，在危大工程施工过程中要加强材料进场管控和现场检查整改，施工完成后要按规定严格履行验收程序并做好日常的巡视检查和监测预警。只有通过分层落实各项技术措施和管理措施，将各项日常管理工作做扎实，才能切实有效地保障安全管理目标得以实现。

参考文献

[1] 陈庆，刘新亮，敬志民，马敏敏，寇国峰，王小娜. 浅析危险性较大部位的分部分项工程管理 [J]. 建筑技艺，2019 (S1) : 117-119.
[2] 胡绍轩. 浅析危险性较大的分部分项工程的安全管理 [J]. 建材与装饰，2020 (18) : 129-130.
[3] 孟广勇. 房屋建筑工程安全管理分析 [J]. 房地产世界，2021 (08) : 91-92.
[4] 宋晓军，韩祖民，沈佳. 浅谈危大工程施工现场安全管理的问题与对策 [J]. 建筑安全，2021，36 (03) : 78-79.
[5] 韩祖民，邱小均. 如何贯彻落实《危险性较大的分部分项工程安全管理规定》[J]. 建筑安全，2021，36 (03) : 73-75.

全过程工程咨询服务与政府购买监理服务若干问题的理论思考

贺启滨 深圳市深汕特别合作区建筑工务署

李维斌 连云港市正方建设监理有限公司

摘　要：本文对全过程工程咨询服务的系统效应、制度设计、监理转型、政府购买监理服务等若干问题，从不同角度、不同层面进行深入理论思考，并提出一些建议供参考。

关键词：系统效应；实施模式；组织协调；监理转型；政府购买监理服务

全过程工程咨询服务是工程建设领域供给侧改革的一项重要内容，是咨询服务供给方式的重大变革，变分散性供给为整体性供给，促进了供给内容的充分利用和供给效果的优化增值。但目前在经验和做法层面总结的较多，在理论层面探讨的较少。笔者想从"实行全过程工程咨询服务有什么'好'？""全过程工程咨询服务制度凭什么'行'？""监理行业怎么向全过程咨询服务'转'？""政府购买监理服务为什么'能'？"等问题入手，进行深入浅出的理论思考，并提出一些建议供参考。

一、思考之一：实行全过程工程咨询服务有什么"好"

全过程工程咨询服务的关键是通过系统集成激活系统效能，产生 1+1 > 2 的系统效应。否则，没有新的东西出来，就没什么意义了。从理论上讲至少要产生以下几种效应：

1. 目标一致性——加法效应

原来提供分散性服务时，各自为政、各有目标，目标值与总目标值不一定相衔接、相配套，方向上也不完全一致。方向偏离，就会造成合力损失。而现在实行全过程工程咨询服务后，同舟共济，盈亏共担，各个小目标和总目标在方向上保持一致，以形成最大的合力。我们把这种在正确方向和路径上的最大合力叠加，称为"加法效应"。

2. 资源共享性——乘法效应

资源有物质资源和信息资源。特别是信息资源在信息社会中非常珍贵。工程建设种类繁多，面广量大，变化频繁。各个主体、各个专业、各个环节中都蕴藏着大量有用的信息资源。如果各自所掌握的这些信息资源能大家共享，其作用、效果或效益就会产生倍增效应。原来是 1，而被 N 家有效利用，就会乘以 N。我们把它叫作"乘法效应"。

3. 过程连贯性——减法效应

过去各个专业咨询服务机构在完成各自任务后，多少会有个间断期而耽误时间。而现在统一目标、统一计划、统一实施，理论上可以实现全过程各阶段的无缝对接，甚至是提前"搭接"，进行"交叉作业，流水作业"，可以大大地提高项目进程。我们把减少间断期的这种作用称为"减法效应"。

4. 专业互补性——除法效应

全过程工程咨询服务不仅是全过程，也是全方位的联合作业。特别是技术与经济两大板块的结合是控制项目投资、质量、进度卓有成效的方法，把各专业的技术、经济专家集中到一起，深入融合，相互印证，比选出最佳配置、最优方案。用最小的经济投入获得最佳的技术效果，取得最优的投资回报，或叫投入产出比，使分子最大化，分母最小化。这应该叫除法效应。

5. 前后联动性——裂变效应

对项目投资影响最大的阶段是项目前期投资决策和初步设计阶段，如在这个阶段，就把项目前期和后期实施阶段乃至运营阶段的相关专业人员集中到一起，把以前的经验和教训部分，集中反馈到前期决策论证和初步设计上来，大家坐下来运用"头脑风暴"的方式，左思右想，前后碰撞，反复酝酿，选出最佳方案，做出最优决策。这种通过"头脑风暴"方式反复碰撞而裂变出来的一个又一个新的思想火花、新的观点方案，应称为裂变效应，又叫链式反应。

二、思考之二：全过程工程咨询服务制度凭什么"行"

全过程工程咨询服务制度设计不是简单的合并累加，而是通过有机地整合去完成系统集成，激活系统效能，产生 1+1 > 2 的系统效应。而撬动或推动整个系统链条运转的杠杆和润滑剂是什么？是组织协调，它是贯穿始终的主线和灵魂，是"牛鼻子"。为何这样说，因为各专业咨询机构在工作内容和专业化水平上不会有什么变化或增加，如果说有变化或增加，就是引进了全过程和综合性这两个命题，一个是纵向衔接，一个是横向协作，恰恰是这两个命题最需要组织协调，只有组织协调工作做好了，各专业咨询机构之间横向联系和纵向衔接更紧密、更融洽了，才能充分发挥综合、全面、系统的咨询服务的作用，实现项目的组织、管理、经济、技术等全方位、全过程的一体化、

集成化，才能激活系统效能，产生 1+1 > 2 的系统效应。换句话说，供给方的各专业服务内容和技术水平虽然没有什么变化，但供给内容的利用率大大提高了。通过前面所述的"叠加、共享、减损、互补、裂变"等系统效应，工程咨询服务的效果优化了、增值了。组织协调工作的作用就像一条红线，把散落的珍珠串在一起，就一跃成为名贵的项链，其作用、品位和身价就会大变。

那么我们又要问了，过去建设单位也找前期项目策划、勘察、设计、招标、造价、监理等机构，但为何达不到 1+1 > 2 的系统效应呢？答案还是与组织协调有关，相比之下他们欠缺这方面的资格、条件、经验和能力。更重要的是制度设计的变革，为开展组织协调工作创造了重要条件和基本保证，使组织协调工作发生了根本性的变化：

1. 组织协调主体变化了

原来组织协调主体是建设单位，现在组织协调主体是总咨询师，他们的不同在于：首先，在责任划分和责任落实方面，建设单位不如总咨询师明确到位，责任分量不如总咨询师重。总咨询师不仅要承担合同责任，还要承担法定责任，有的还是终身责任制，要对自己的执业资格和职业生涯负责。其次，建设单位不是专业做这项工作的，总体把控能力不如总咨询师强，对各专业咨询机构的行规、程序、惯例等不如总咨询师清楚，把握不住全局，抓不住重点，控制不好节奏。

2. 组织协调范围变化了

原来属于外部协调，现在变成内部协调。原来各专业咨询机构之间属于企业之间的外部协调关系，当建设单位带着他们相互衔接的时候，往往不那么顺畅、

融洽。而现在都是一家人了，关系顺了，有些事情即使不用总咨询师出面协调，他们之间也能进行顺利地沟通交流，因为他们是有共同目标的履约共同体。

3. 组织协调性质变化了

原来是外行协调内行，现在是内行协调内行。总咨询师都是通过了专业培训和理论学习及执业资格考试的，他们是懂技术、知经济、通法律、会管理的复合型人才，他们了解相关、相近各专业的基本规律和它们之间的有机联系，知道什么时候该做什么，不该做什么；做什么合适，做什么不合适；哪些程序要提前进行，哪些工作要适时布置等。内行管内行，内行协调内行，专业的人做专业的事，得心应手、游刃有余。

4. 组织协调体制变化了

原来是平行关系的单位协调，现在是上下级关系的部门协调，或者说变成了内部上下级之间的管理和分配工作。总咨询师对各下级专业部门之间的组织协调工作更加密切。由松散型协调变成紧密型协调，组织协调的效率会更高。

5. 组织协调效果变化了

原来的模式是把策划、立项、设计、造价、施工、监理、项目运营等阶段分隔开，不仅增加了成本，也分割了建设工程的内在联系，产业链和信息流连接不畅，难以提供优质的综合服务。现在通过高效的组织协调，把这些分散的专业职能串接起来，统筹运作、集约管理、信息共享、协同作战、组织协调的效果会更好、更优。

总之，制度设计上的改革创新，从体制上、机制上为组织协调工作的有效开展奠定了基础、铺好了轨道、增强了动力，这是实行全过程工程咨询服务的关键所在。

三、思考之三：监理行业怎么向全过程咨询服务"转"

笔者认为不能简单地"以并代转"，一"并"了事，那样会出现以咨代监、以服代管等问题。如果咨询机构本身出现问题，谁来监督它？社会监督谁来替代？政府监督谁来协助？而这些职能，原来都是监理在履行，监理是主管部门或监督部门最重要的助手和抓手。现在监理被收编、被整合了，还能再"吃里爬外、节外生枝"吗？有人要问，监理为何不能像原来一样发挥监督作用呢？根本原因就是把监理正式划归咨询服务范畴了。从理论上讲咨询与监理是有本质区别的：

1. 责任范围不同

前者只对甲方负责，后者还要对政府、对法律负责，进而对社会、客户负责，现行的法规政策，规定监理承担行政、法律和社会责任。特别是"五方责任书"赋予总监对参建各方违规行为进行监督制止和汇报政府的权力和责任。另外还试点建立了监理机构直报政府部门的制度等，大大地增加了监理的责任范围和责任分量。而现在监理变成总咨询师的下级了，如发现问题，能向政府举报顶头上司吗？如果总监自己兼总咨询师，欺上瞒下，更要罪加一等。

2. 基本职能不同

前者的基本职能是专业化服务，后者的基本职能是规范化监督，监理是依据国家技术标准、按建设程序和工程管理程序，进行规范化监督和控制，确保工程质量安全等目标的实现。前者管建，后者管监；前者只为甲方服务，后者要对所有参建方包括甲方进行监督。只要违规，不管哪方，监理就绝不放过，如果这样，总咨询师如下令监理部门对兄弟部门法外留情怎么办？

3. 立场站位不同

前者立场是与甲方一致，当甲方与他方发生利益纠纷时，它应始终站在甲方立场为甲方争取权益。后者立场是公正、客观的。在调解处理各方利益时，对事不对人，向理不向人，认法不认人。但如果监理这样做，有时就违抗了总咨询师的意图，因为总咨询师只是代表甲方利益的。

4. 工作方式不同

前者是操作执行型，后者是审查验收型，不需要自己动手绘图纸、干工程等，而是对建筑材料、施工方案进行检查审批，对实体质量和施工工序进行验收把关。前者要加快完成进度等目标尽早拿到咨询费，后者常因把关而影响进度。如果因严格把关或要求返工，耽误了工程进度，进而对完成整个咨询任务目标造成影响，和总咨询师发生矛盾怎么办？是坚持标准对抗上级，还是放弃原则妥协退让？

5. 履职条件不同

前者履职条件是靠甲方支持；后者不仅是甲方支持，主要是政策法规赋予的独立性。否则监理就很难做到客观性和公平性，去独立地处理各方利益。特别是质量安全出现重大问题时，能否坚持原则不受干扰？总咨询师能提供独立、客观、公平的环境吗？

6. 目标体系不同

前者目标体系内容广泛，它要兼顾项目策划、工程设计、施工监理、招标代理、造价咨询、项目管理等多个咨询服务机构、多方面的目标需求。而后者目标体系较为单一，主要集中在质量安全目标上。从客观上讲，前者很有可能会出现精力分散，左顾右盼、瞻前顾后，甚至会牺牲质量安全目标去保进度和成本目标的完成，或平衡其他众多目标的实现；而后者这种可能性就非常小，精力会高度集中去完成单一的质量安全目标。

从上述咨询与监理本质上的六种区别可以看出，把性质不同的监理和咨询服务简单地"并转"到一起是不合适的，监督与被监督混编是不合理的。

既然监理行业不能简单进行"并转"，那就应进行有区别地"分转"：在体制上实行监、理分开，一部分搞咨询，一部分搞监管。我国的监理企业原本就是两种体制的组合体，一种是市场调节的服务体，另一种是政府把控的监督体，理应分开，各就各位。可以分为两条线进行：

一种方式是向咨询服务转型，也就是回归咨询服务的本行。可起名为咨询服务公司或项目管理公司，有条件的可以逐步配齐各专业，成立全过程工程咨询服务公司。单独或联合去搞全过程工程咨询服务。"一仆一主"就不会产生那么多矛盾了。

另一种方式向质量安全监管型企业转，把进度、投资控制等职能转出去，只保留质量安全监督职能。在制度上，要推行政府购买监理服务，切断监理与建设单位在经济上的关联，改变过去由建设方选聘监理和支付监理费的做法，才能使监理成为真正独立意义上的第三方，公平客观、独立自主地做好对工程质量安全的监控工作。购买监理服务也是政府调控与市场调节的最佳结合点。至于费用，可把监理费改为监理税，由政府征收后再用来购买监理服务。

四、思考之四：政府购买监理服务为什么"能"

政府购买监理服务为什么"能"？它"能"在何处，解决了哪些问题呢？应该说解决了多年来一直困扰监理行业的一揽子问题：

1. 解决了监理定位问题

监理定位问题一直是业界讨论的难点。而实行政府购买监理服务后，这个难点不攻自破。监理的定位是受主管部门委托的第三方，独立公正地对项目进行监督控制。

2. 解决了监理责任问题

原来监理定位不清，导致责任不明，多干事反而多承担责任，成了建设单位的"挡箭牌"和施工单位的"陪斩"，对此监理行业怨声载道。政府购买监理服务后，只承担自己的监理责任；监理不再是建设方聘用的"准执法"机构了，没有"挡箭牌"了，建设单位才能真正承担自己作为项目法人应担的责任。

3. 解决了安全监理问题

安全监理一直是过去反复讨论的痛点。政府购买监理服务后对施工现场的安全监督属于外部监督，负监督责任；施工的内部安全由施工者自己负责，谁主管，谁负责，负直接责任；全过程咨询服务机构对安全管理进行专业上的督促指导，负指导责任，不再承担多重角色、多重责任。参建各方各司其职、各负其责，职归原主、责归原位。

4. 解决了监理价格问题

政府购买监理服务后，通过税收形式收取监理费，就不存在以前的政府指导价或下浮 20% 等问题；全过程咨询服务企业不再承担行政职能，凭自身的实力去争市场、谈价格，优胜劣汰，成为一种很自然的事情，也就没有理由怨天尤人，责怪政府没有管控好价格了。

5. 解决了强制监理问题

监、理分开后，强制和非强制的问题自然也就分开了。是否聘用项目咨询管理机构，则由建设方根据自身需求来决定，是市场行为，当然是非强制的了。而政府购买的监理服务受行政主管部门委托对项目进行监督，肯定是强制监督，强制监管，所以一直争论的强制监理问题就不成为问题了。

6. 弥补了行政部门监督力量的不足

政府购买监理服务同时又减少了政府对市场经济的直接干预，也是政府间接调控的一种形式。随着经验的积累和运行机制的成熟以及各种外部环境的完善，行政监督与社会化监督的比重将趋于合理。

7. 有利于提升企业的整体素质和管理水平

监、理分开回归咨询管理行业后，不再吃强制监理的饭了，竞争迫使企业提升专业化水平，加强企业管理，降低运营成本。而对于政府购买服务的监理企业来说，更要提高整体素质，不仅是专业水平，还有执法水平，特别是职业道德和责任心，因为它受政府委托，更要对政府、对法律负责。

8. 有利于工程质量的进一步提高

政府购买监理服务后，监理机构单独取费，独立工作，严格履职，精准执法，不用像以前那样备受开发商的干扰，确保工程质量和安全有了体制和机制上的保障。特别是开发商恣意妄为和施工单位层层转包等顽疾，有政府委托的监管机构长期盯在工地，知实情、懂门道、晓破绽，实行针对性监管、常态化监督，必定会使建设工程质量、安全管理上一个新台阶。

结语

本文从理论层面探讨了全过程工程咨询服务系统效能的增值性、制度变革的重要性、监理转型的可行性和政府购买监理服务的必要性。旨在建立一种政府调控与市场配置相配套、强制监理与咨询服务相配合的制度模式，两者相辅相成、相得益彰，共同为我国工程建设高质量发展保驾护航。

 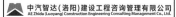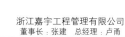

湖北楚元工程建设咨询有限公司

湖北楚元工程建设咨询有限公司（原名荆州市工程建设监理公司、荆州市楚元工程建设咨询有限公司）成立于1989年，1993年取得国家首批甲级监理资质。现拥有房屋建筑工程（甲级）、市政公用工程（甲级）、机电安装工程（乙级）、水利水电工程（乙级）、农林工程（乙级）等专业监理资质，公司下设具备工程造价（甲级）的全资子公司，是一家集工程监理、招标代理、造价咨询、项目管理（代建）、工程咨询于一体的综合性建设咨询服务企业。

公司拥有从事建设监理与经济技术咨询服务的工程技术人员500余名，其中具备高、中级工程技术职称的超过300人。监理工程师、一级造价师、一级建造师、安全工程师、一级结构师、招标管理师、公用设备师、电气工程师等国家注册人员达120余人次，创建了一支老中青结合、技术实力雄厚、专业配套合理、人力资源管理完善的工程咨询服务队伍。

自成立三十余年来，公司已为1200多个建设项目提供了各类工程咨询服务，涵盖了多项超高层建筑、城市综合体、大型公共建筑和超大、超高难度的市政基础设施等建设工程。所承揽的项目做到了质量好、投资省、进度快，保证了100%的建设项目合格率，提供监理服务的工程获得过"中国建设工程鲁班奖"、国家优质工程金奖和银奖、"中国安装工程优质工程（安装之星）""中国钢结构金奖""楚天杯""天府杯"、湖北省市政示范工程金奖、湖北省建筑结构优质工程等各类各级奖项300多个。承监具有浓厚楚文化特征的建设项目一直是公司从事工程咨询服务的品牌特色，先后为"方特东方神画""荆州古城修复与保护项目"、荆州广播电视发射塔（楚女回眸）、熊家塚遗址博物馆等多项极富三楚文明色彩的建设工程实施了监理服务，赢得了社会各界的好评。

目前，公司的营业内容已从工程监理、招标代理、造价咨询、项目管理（代建）等传统工程咨询模式，向建设项目全过程咨询和工程综合性信息化咨询服务进行转型，并已多方开展其相关业务。但是，"守法、诚信、公正、科学"的职业准则、"严格监理、热情服务、创造品牌、追求卓越"的经营宗旨、"质量为本、信誉至上，高智能咨询、高水平服务，保顾客满意"的工作方针仍为全体"楚元人"所始终遵循，无论企业如何发展，回报社会、为顾客创造最大效益、为国家建设做出更大贡献永远是湖北楚元工程建设咨询有限公司的从业理念和服务信条。

（本页信息由湖北楚元工程建设咨询有限公司提供）

荆州市中心医院荆北新院
（"鲁班奖""安装之星"）

荆州广播电视发射塔——楚女回眸
（中国钢结构金奖）

武汉车都职工文化活动中心工程
（国家优质工程奖）

荆州市文旅区雨台路
（国家优质工程奖）

荆州火车站站前广场
（国家市政杯示范工程）

荆州市体育文化中心
（国家优质工程奖）

荆州古城修复与保护项目

方特东方神画楚文化主题乐园

荆州华中农高区特大桥

上海振华工程咨询有限公司

上海振华工程咨询有限公司是中船第九设计研究院工程有限公司全资子公司，其前身是成立于 1987 年的上海振华工程咨询公司和成立于 1998 年的上海振华工程监理有限公司于 2011 年合并成立的，是国家建设部 1993 年批准认定的全国首批具有甲级资质的建设监理单位之一。中国建设监理协会常务理事单位，中国建设监理协会船舶分会会长单位。

公司具有工程建设监理甲级资质（房屋建筑工程、港口与航道工程、市政公用工程、机电安装工程）、工程设备监理甲级资质、人防工程监理乙级资质，具有军工涉密业务咨询服务安全保密条件备案证书、工程招标代理机构资质证书和工程咨询单位资格证书。可以开展相应类别的工程服务业务，可以在国内外跨地区、跨部门承接业务。

公司于 2000 年通过 ISO 9001 质量管理体系认证，2012 年通过 ISO 9001、ISO 14001、ISO 45001 质量、环境、职业健康安全三合一管理体系认证，并具有上海质量体系审核中心、美国"ANAB"、荷兰"RVA"管理体系认证证书。公司参加建设工程监理责任保险。

公司骨干员工均来自中船第九设计研究院工程有限公司（是国内最具规模的综合设计研究院之一，是全国设计百强单位之一），技术力量雄厚，专业门类齐全，其中研究员 2 人，高级工程师 23 人，获得国家各类执业资格注册工程师 132 人次。

公司分别于 1995 年、1999 年、2004 年连续三次被评为"全国先进工程建设监理单位"，于 2008 年被评为"中国建设监理创新发展 20 年工程监理先进企业"，于 2012 年获"2011—2012 年度中国工程监理行业先进工程监理企业"，1 人被评为"中国工程监理大师"，4 人被评为"全国优秀总监"。

公司先后承接了众多的国家和国防军工、上海市的重大和重点工程，形成了"专业门类齐全，综合能力强；专业人员层次高、技术力量雄厚；技术装备齐全、监测手段强；工作人员作风严谨、监管到位"的特色，对工程既监又帮，众多工程分别获得国家"银质奖""鲁班奖""全国市政工程金杯奖""全国装饰奖""全国金钢奖""军队优质工程一等奖"，上海市"白玉兰奖""市政工程金杯奖""申港杯"等，深受广大用户的信任和支持，在社会上享有较高声誉。

公司一贯讲究信誉、信守合同，始终恪守"遵循科学、规范、严谨、公正的原则，精心策划，追求卓越，保护环境，健康安全，为顾客提供满足要求的优质技术服务"的企业宗旨，愿为广大客户做出更多贡献。

（本页信息由上海振华工程咨询有限公司提供）

上海船厂（浦东）区域 2E2-3 地块项目 -1

上海船厂（浦东）区域 2E2-3 地块项目 -2

上海船厂（浦东）区域 2E3-1 地块项目

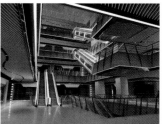
上海船厂（浦东）区域 2E5-1 地块项目 -1-3

上海船厂（浦东）区域 2E5-1 地块项目 -2

南极项目中山站综合楼

南极项目长城站综合楼

上海市轨道交通 15 号线工程

上海船厂（浦东）区域 2E5-1 地块项目 -3

上海船厂（浦东）区域 2E7-1 地块项目

汝州市青瓷博物馆国际文化交流中心及　海域阳光三期工程
圣庄园东湖住宅区工程

中国智能物流骨干网西安高新区核心　开封市祥符区惠济河湿地公园项目效果图
节点项目

周商连接通道建设八一路打通工程　　　永业洲际酒店

基于百兆瓦压缩空气储能综合能源示　赫章县双坪福来厂 50MWp 和铁匠双坪
范项目 300MW 风力发电项目　　　　150MWp 农业光伏、升压站及送出线路项
　　　　　　　　　　　　　　　　　目建设工程

安徽财经大学现代产业学院和产学研创新实践基地建设项目

清鸿工程咨询有限公司

清鸿工程咨询有限公司于 1999 年 9 月 23 日经河南省工商行政管理局批准注册成立，注册资本 5000 万元，是一家具有独立法人资格的技术密集型企业，致力于为业主提供综合性高智能服务、立志成为全国一流的全过程工程咨询公司。

企业资质

工程监理综合资质：房屋建筑工程甲级、市政公用工程甲级、电力工程甲级、公路工程甲级、化工石油甲级……水利部水利施工监理乙级资质；国家人防办工程监理乙级资质；工程造价咨询；政府采购备案；工程招标代理。

组织结构

总经理负责制下的直线职能式，包括总工办、行政办公室、人力资源部、财务部、工程管理部、工程督查部、市场经营部、招标代理部、造价咨询部。

企业荣誉

公司连续十五年被评为"河南省先进监理单位"，中国《建设监理》杂志理事单位、河南省建设监理协会副会长单位、河南省建设工程招标投标协会副秘书长单位、河南省十佳最具成长力新锐企业，参与编制《建设工程监理工作标准》。荣获河南省建筑业骨干企业、河南工程咨询行业十佳杰出单位、河南咨询行业十佳高质量发展标杆企业，被列入河南省全省重点培育建筑产业基地名单，国家级"重合同、守信用 AAA 级"监理单位，先进基层党组织、优秀共建单位，通过了质量、环境、安全三体系认证。

业绩优势

2009 年成立以来，承接的建筑项目、工业项目、人防项目、市政工程、电力工程、化工石油工程、水利工程、风电工程等千余项，多次荣获省安全文明标准化示范工地、省质量文明标准化示范工地，河南省"中州杯""市政金杯奖""河南省工程建设优质工程""中国建筑工程装饰奖"等奖项。

技术力量

公司现有管理和技术人员 711 余名，其中高级技术职 41 人，中级技术职称 380 人。公司项目监理部人员 711 名，均具备国家认可的上岗资格；其中，国家注册监理工程师 134 人，注册一级建造师 26 人，注册造价工程师 9 人，注册一级结构师 1 人，其他注册人员 22 人，河南省专业监理工程师 326 人，监理员 241 人，人才涉及建筑、结构、市政道路、公路、桥梁、给水排水、暖通、风电、电气、水利、化工、石油、景观、经济、管理、电子、智能化、钢结构、设备安装等各专业领域。

全面服务

公司业务：全过程咨询；建设工程监理，工程管理服务；公路工程监理；水运工程监理；水利工程建设监理；单建式人防工程监理；文物保护工程监理；地质灾害治理工程监理；工程造价咨询业务，BIM 技术咨询第三方评估；招投标代理服务，政府采购代理。

企业精神："拼搏　进取　务实　创新"。

核心价值观：用心服务，创造价值。

品牌承诺：忠诚的顾问，最具价值的服务。

使命：以业主的满意、员工的自我实现和社会的进步为最大的价值所在。

愿景：高质量、高效率、可持续，成为行业中具有社会公信力、受人尊敬的咨询企业。

近期目标：做专、做精工程咨询服务业。

中期目标：打造中国著名的工程项目管理公司。

远期目标：创建国际项目管理型工程咨询公司。

（本页信息由清鸿工程咨询有限公司提供）

骊涛工程集团有限公司

骊涛工程集团有限公司，成立于 2004 年 2 月，曾名骊涛项目管理有限公司、福建省骊涛建设技术开发有限公司。已取得甲级招标代理、甲级政府采购、甲级造价咨询、甲级监理、甲级勘察设计、总承包施工三级及软件开发、数字档案等二十多种资质，通过了国家高新技术企业认定。2022 年 3 月，更名为骊涛工程集团有限公司，公司注册资本 1 亿元，总部位于厦门集美软件园三期，办公面积 1 万多 m²。设置 4 个职能中心、9 个事业部，公司全资控股奉达设计研究集团有限公司、厦门市辰盾智能科技有限公司等多家企业，公司在国内设 70 多家分支机构，业务遍及全国 20 个省区。

集团聚焦工程建设全过程咨询业务，已成为高层次、全过程、全生命周期的，综合性的现代化集团公司。集团业务范围广，具有：①投资决策综合性咨询、投融资咨询、项目建议书、可行性研究报告、PPP 项目咨询、社会稳定性评估、节能评估等；②工程项目全过程咨询包括项目代建、项目管理、城乡规划设计、工程勘察、岩土工程设计、建筑工程设计、景观工程设计、市政公用工程设计、机械行业设计、工程招标代理、政府采购代理、工程造价咨询等；③监理有房建、市政、水利、人防、机电、石油化工、电力工程监理，档案服务和档案数字化等；④工程建设施工包含房建工程、市政、公路、水利、机电施工总承包，专业施工有装饰工程施工、智能化工工程施工、环保工程施工、消防工程施工等。

公司现有员工 500 多人，本科以上占比 80%，专业建筑、市政、水利、交通、环保、能源、法律、管理、金融、财经等各专业人员，职称包含教授级高级工程师、高级工程师、高级经济师等，执业资格包含：注册建筑师、城市规划师、结构工程师、电气工程师、岩土工程师、暖通工程师、公用设备工程师、咨询工程师、造价工程师、招标师、会计师、监理工程师、建造师、房地产估价师等注册类执业资格证书，还有 PMP 项目管理、软件工程师、律师等各方面高素质人才。同时，公司自主研发了"骊涛造价咨询系统""骊涛招标代理系统""骊涛软件开发业务""骊涛城建档案"等管理系统，通过 ISO 质量管理、职业健康管理、环境管理体系三体系认证。

公司经过近 20 来年发展，公司各项业务迅速开拓并取得良好的业绩，公司先后荣获"重合同守信用企业""在 2020 年度先后获得中国招标代理行业综合实力百强""中国造价咨询行业综合实力百强""中国全过程工程咨询行业综合实力百强""招标代理企业信用评价 AAA""年度省级优秀造价咨询企业""工程造价咨询企业信用评价 AAA""全国质量诚信 AAA 等级单位""福建省 AAAAA 级档案机构"等荣誉称号；公司监理及建设的多个工程获得过"国家级优质工程""福建省闽江杯优质工程"及各地市优质工程。公司多年参编中国建设监理协会主编的《中国建设监理与咨询》，也是省、市部分行业协会的副会长、常务理事单位。

公司始终坚持"科学管理、智慧服务、心系客户、持续发展"企业宗旨，竭诚为客户提供优质服务，回馈社会，集团将以建筑行业产业链为核心，聚行业精华，创百年伟业，携手筑梦新未来。

（本页信息由骊涛工程集团有限公司提供）

营业执照一正本

监理（甲级）资质正本

造价（甲级）资质正本

招标代理（甲级）资质正本

工程咨询单位甲级资信证书

国家高新技术企业证书

全过程咨询：安顺黄埔物流与昂区黄桶片区黄马大道　全过程咨询：三明市动车站

工程设计：福建省平潭一中　　工程设计：泉州滨海企业总部

工程监理：福州市二环东南段林浦路互通工程

工程监理：厦门金林湾花园

公司沣东自贸产业园办公楼

公司党建活动

西安市人民政府给公司的　公司承揽的西安市公共卫生中心
感谢信　　　　　　　　　（应急院区）交接仪式

西安市地铁 8 号线项目

《时代先锋》栏目组在永明公司拍摄《筑梦　中国丝路科创谷起步区项目
建术 智慧共赢》电视纪录片

监理企业信息化管理与智慧化服务　西安市公共卫生中心项目
现场经验交流会

永明项目管理有限公司

永明项目管理有限公司是中国建筑服务业首家一站式智能信息化管控服务平台，总部位于古都西安，公司成立于 2002 年，实缴注册资本 5025 万元。业务涵盖工程监理、造价咨询、招标代理、全过程咨询等为一体的大型平台化企业。

公司现有国家注册类专业技术人员 700 多人，专业工程师 6000 余人。具有工程监理综合资质、工程造价咨询甲级、工程招标代理机构甲级、中央投资项目招标代理机构乙级、人民防空工程建设监理乙级资质，政府采购代理机构登记备案，机电产品国际招标代理机构登记备案，中华人民共和国对外承包工程资质。

目前，公司业务服务网点覆盖全国除港澳台之外的所有省级行政区，2020—2021 年连续两年在全国公共资源交易平台年度中标量同行业排名第 1 名，连续两年合同额 20 亿元以上。承揽的项目先后荣获国家优质工程奖 3 项、省市级优质工程奖 20 多项；省级文明工地 90 多个。

理念引领　实现转型

近年来永明公司积极响应国家"创新是引领发展的第一动力"指示和"互联网＋"的号召，坚持党建引领、科技支撑，自主研发建筑全过程智能信息化平台——筑术云。率先将"信息化管理＋智慧化服务＋平台化发展"引入建筑咨询服务业，通过六年时间全国各地上万个不同类型工程项目的探索与实践，彻底改变了传统建筑咨询服务企业的组织模式、管理模式、运营模式、服务模式，大幅提高了工作效率，降低了各类成本，确保了服务项目的安全和质量，实现了转型升级。

系统强大　用途广泛

经过不断的优化和迭代升级，目前筑术云平台运行着一个中心五大系统，即：可视化指挥与服务中心、移动综合办公系统、移动多功能视频会议系统、移动远程视频监管系统、移动项目管理系统、移动专家在线系统。一个中心五大系统，可服务于建筑全产业链上所有企业、项目和政府相关部门。

临危受命　不负使命

2020 年突如其来的新冠疫情席卷全国，西安市政府将西安"小汤山"项目（公共卫生中心）建设监理任务交给了永明公司，当时正值春节放假，因疫情全国城市与小区实行封闭管理，公司利用筑术云平台迅速组织了以党员和积极分子为主的 70 人突击队，第一时间赴施工现场，与中建集团、陕建集团共享筑术云平台，奋战十昼夜圆满地完成了这项政治任务，得到西安市政府的高度认可并向永明公司发来了感谢信。近年，仅仅在西安市内就陆续承揽了地铁 2 号线、8 号线、10 号线以及中国丝路科创谷起步区项目、航天基地东兆余安置项目、沣西新城王道新苑项目等多个大型项目，公司也将继续发挥智能化项目管控优势，为区域智慧化建设赋能。

创新促变　行业先行

2020 年 7 月 21 日，中国建设监理协会在西安召开"监理企业信息化管理与智慧化服务现场经验交流会"，永明公司作为主旨演讲企业，对远程信息化管理智慧化服务应用效果进行演示汇报，得到大家一致认可。目前，企业已先后八次邀请在全国相关行业大会进行演示汇报，十三次在全国各省级相关行业会议进行交流介绍，上千家企业，院校，政府等相关单位到永明公司进行考察交流。

精益求精　工匠精神

我国正处于由工业大国向工业强国迈进的关键时期，弘扬和培育新时代创新与工匠精神，对实现中华民族伟大复兴具有重要意义。中央广播电视总台所属中央新影老故事频道《时代先锋》栏目组，经过反复调研与现场考察、反复论证与精心策划，在永明公司拍摄《筑梦建术 智慧共赢》电视纪录片，弘扬新时代创新与工匠精神。

未来，永明将继续秉持"爱心、服务、共赢"的企业精神做强技术，以智暨管护，规范经营和科学管理的经营模式优化服务，为促进行业健康发展，推动企业价值创造，承担民企责任做出更大的贡献！

地　址：陕西省西咸新区沣西新城尚业路 1309 号总部经济园 6 号楼
电　话：029-88608580
邮　编：710065

（本页信息由永明项目管理有限公司提供）

浙江华东工程咨询有限公司

南京市中兴路北延跨秦淮新河大桥工程—国家优质工程奖

浙江华东工程咨询有限公司隶属于中国电建集团华东勘测设计研究院，公司成立于 1984 年 11 月，是全国第一批 59 家甲级工程监理单位和第一批 12 家工程建设总承包试点单位之一，国家级高新技术企业。现具有工程监理综合资质、市政公用工程施工总承包一级、水利工程施工监理甲级、工程咨询甲级、工程造价咨询乙级、水利水电工程施工总承包三级、钢结构工程专业承包三级、政府投资项目代建、节能评估等资质，是以全过程工程咨询和工程总承包为主，同时承担工程咨询、项目管理、工程代建、招标代理等业务为一体的经济实体，总部设在杭州。

公司始终坚持以"服务工程，促进人与自然和谐发展"为使命，秉持"至真至诚、尽善尽美"的核心价值观，围绕"做实、做细、做优、做精"的服务宗旨，为客户提供工程全过程的管家式服务，在工程建设领域发挥积极作用。公司的业务范围主要以工程监理、全过程工程咨询、工程总承包等强管理、高技术服务为支柱，以水电水利、新能源、市政交通、城乡建筑、基础设施、环境保护工程为框架，形成专业化、多元化发展战略体系。

闲林基地工程—国家优质工程奖、浙江省优质工程"钱江杯"

深圳抽水蓄能电站工程—中国南方电网优质工程奖、国家优质工程奖、中国电力优质工程

公司始终贯彻"以奋斗者为本，诚信守法，优质高效，规范运作，开放创新，持续满足顾客、社会和员工的期望"的管理理念，发扬"负责、高效、最好"的企业精神，打造"华东咨询、工程管家"的企业品牌，始终坚持"技术先导、管理严格、服务至上、协调为重"十六字方针来开展工作。在参与工程建设过程中，公司赢得了一系列的荣誉，先后被授予中国监理行业十大品牌企业、中国建设监理创新发展 20 年工程监理先进企业、全国工程监理优秀品牌、全国工程项目管理优秀品牌、建国 70 周年中国工程监理杰出企业、浙江省现代服务业重点行业"亩产效益"领跑者企业，连续多年被评为全国先进工程监理企业、全国工程市场最具有竞争力的"百强监理单位"、中国建筑业工程监理综合实力 50 强、全国工程监理 50 强、全国优秀水利企业等。所承担的工程项目先后获得国家级、省部级以上奖项近百项。

富阳污水处理厂工程—杭州市市政公用工程"西湖杯"、杭州市建设工程"西湖杯"、富阳市建设工程"富春杯"

舟山普陀 6 号海上风电场 2 区工程（国家优质工程奖、中国电力优质工程）

公司现有员工 1500 余人，拥有高级专业技术人员 280 余人，中级专业技术人员 470 余人，持有国家各类注册执业资格证书 950 余人次。

三十余载辉煌铸就金色盾牌，百年伟业热血打造卓越品牌。展望未来，华东咨询公司将持续秉承"负责、高效、最好"的企业精神，以注重实效的管理力、追求卓越的文化力、一流工程管家的品牌力，竭诚为各业主单位提供优质服务。

（本页信息由浙江华东工程咨询有限公司提供）

河北丰宁抽水蓄能电站工程—世界大规模抽水蓄能电站，为 2022 冬奥会保电输送

云南澜沧江小湾水电站工程（中国土木工程詹天佑奖）

临安青山湖"桥、隧、厅"工程

迎宾大道北延隧道工程

年会合影

高新技术企业

山东省全过程工程咨询服务 5A 级单位

山东同力建设项目管理有限公司

山东同力建设项目管理有限公司是一家具有多项行业顶级资质的全过程工程咨询服务企业。始建于 1988 年，前身是淄博工程承包总公司，1993 年被确立为全国监理试点单位，1997 年获住房和城乡建设部甲级监理资质，2004 年成功改制，正式更名为山东同力建设项目管理有限公司，是山东省建设咨询服务领域资质既全又高的单位之一。

公司注册资金 2000 万元，现有职工 800 余人，其中，各类国家级注册人员近 300 人次，正高级工程师 6 人，副高级工程师 70 余人，取得初中级职称人员数约占职工总数的 70%。公司经过近 30 年的发展取得了工程监理综合资质、工程造价咨询企业甲级资质、工程招标代理机构甲级资质、中华人民共和国中央投资项目招标代理机构乙级资格、人防工程和其他人防防护设施监理乙级资质、工程咨询单位乙级专业资信、中华人民共和国政府采购代理机构甲级资格、机电产品国际招标代理机构资格、水利工程招标代理单位资格等资质，为客户提供前期咨询、过程管理和最终交付的全过程咨询服务。

从遍布全国的业务布局，到北国南疆的百业腾飞；从细节服务的精益求精，到最高奖项的行业赞誉；公司服务范围覆盖 20 多个省、自治区和直辖市，在印度和蒙古等国也留下了同力人奋斗的足迹。2021 年市场签约额 2.6 亿元，业务收入超 2 亿元。公司服务的项目获得十余项"鲁班奖"、国家优质工程奖等国家级奖项；公司荣获"2020 年抗击疫情、复工复产表现突出监理企业""全国公共资源交易代理机构 100 强""山东省援建北川工作先进集体""山东省全过程工程咨询服务 5A 级单位""山东省先进监理企业""山东省 5A 级招标代理机构""山东省工程造价咨询先进单位""山东省诚信建设示范单位""淄博市城市品质突出贡献企业""科技创新突出贡献企业"等荣誉称号。

公司拥有一批相关领域的专家团队和专业技术人才，组建了技术过硬、经验丰富的专家委员会。每年举办春季培训、各项专题培训，定期组织内部研讨、项目观摩、课题研究、成果研发等活动，全面提升员工的综合能力。采用项目管理系统进行业务管理，实现技术资源共享；利用 BIM 技术对项目进行三维建模和施工仿真模拟，帮助业主实现整个建筑生命周期的可视化和数字化管理；对项目信息进行收集和整理，利用大数据提高公司管理水平；利用无人机技术，加强对现场监管和服务，并做好实时影像记录，为现场管理提供强有力支撑；持续进行科研开发与技术成果转化，形成企业自主知识产权，取得 3 项发明专利、40 余项实用新型专利，2021 年被认定为高新技术企业。

以技术强基，以诚信立业。从成立初期的艰难探索，到具有多项行业顶级资质的取得，同力人用执着奋斗，走向企业转型升级的强音。山东同力以实际行动助力乡村振兴，践行社会责任，用专业技术服务为工程建设发展贡献同力力量。展望机遇与挑战并存的未来，我们有意愿成为建设咨询服务领域的杰出领行者，有能力给予同力客户高品质服务及整体解决方案！

（本页信息由山东同力建设项目管理有限公司提供）

"鲁班奖"—淄博世博高新医院

"鲁班奖"—淄博市文化中心

全过程工程咨询—深圳观澜高新园规划工程

项目管理与监理一体化—临沂钢铁项目

监理—淄博市城市快速路

监理—江苏嘉通能源 PTA 项目

监理—新疆哈密密润达（清洁能源）

云南省建设监理协会

云南省建设监理协会（以下简称"协会"），成立于1994年7月，是云南省境内从事工程监理、工程项目管理及相关咨询服务业务的企业自愿组成的、区域性、行业性、非营利性的社团组织。其业务指导部门是云南省住房和城乡建设厅，社团登记管理机关是云南省民政厅。2018年4月，经中共云南省民政厅社会组织委员会的批复同意，"中共云南省建设监理协会支部"成立。2019年1月，被云南省民政厅评为5A级社会组织。目前，协会共有199家会员单位。

协会第七届管理机构包括：理事会，常务理事会，监事会，会长办公会，秘书处，并下设期刊编辑委员会、专家委员会等常设机构。28年来，协会在各级领导的关心和支持下，严格遵守章程规定，积极发挥桥梁纽带作用，沟通企业与政府、社会的联系，了解和反映会员诉求，努力维护行业利益和会员的合法权益，并通过进行行业培训、行业调研与咨询和协助政府主管部门制定行规、行约等方式不断探索服务会员、服务行业、服务政府、服务社会的多元化功能，努力适应新形势，谋求协会新发展。

开展纪念建党100周年学习教育主题活动

云南省建设监理协会七届二次会员大会召开

为会员单位免费举办相关培训和讲座

召开会长办公会商议确定协会年度工作重点

承接"2021年云南省住房和城乡建设厅工程质量安全专家咨询服务"政府采购项目

（本页信息由云南省建设监理协会提供）

组织开展行业规范和标准的研讨

十佳社会组织

社会组织评估 5A 等级

《业主方委托监理工作规程》课题验收会议

孙成会长、黎锐文监事长为"2021广东省建设监理行业网络知识竞赛"优胜团体颁奖

协会《建设工程监理实务》第三版修编启动会

协会成功举办"数据融通 赋能发展"信息化论坛

协会孙成会长陪同中国建设监理协会王早生会长一行走访清远地区会员单位

协会组织代表赴惠州参加"大爱有声，决胜脱贫攻坚"系列活动

广东省建设监理协会
GUANGDONG PROVINCE ASSOCIATION OF ENGINEERING CONSULTANTS

应时而生，顺势而为。广东是改革开放的"排头兵"和"先行地"，也是国内最早推行工程监理制度试点的地区之一。随着工程建设管理领域市场化、社会化、专业化改革发展，广东省建设监理协会（以下简称"协会"）在广东省建设行政主管部门牵头下，于2001年7月18日成立，开启了"政府引导、协会搭台、行业自治、共建共赢"有序发展新模式，形成了聚合会员力量的组织优势。协会秘书处设有行业发展部、信息咨询部和综合事务部，以协会《章程》为核心，以社会组织5A等级标准为要求，实行企业化内部管理；秉承"提供服务 规范行为 反映诉求"的办会宗旨，搭建政企间"桥梁纽带"，构建承接政府职能、牵头课题调研、推动团标建设、规范行业行为、反映行业诉求、维护会员权益及提升从业人员综合素质等纵深化专业服务阵列。

踔厉奋发，风雨筑路。近年来，协会多次荣获广东省社会组织评估5A等级、"优秀社会组织""十佳社会组织""先进社会组织党组织""全省性社会组织先进党组织"等多项荣誉称号。作为中国建设监理协会副会长单位，协会逐渐成为全国监理行业会员规模最大、社会影响力最强的省级协会之一。截至2021年底，协会单位会员达707家，个人会员达11.38万人，会员区域覆盖全省21个地级市，数量位居全国监理协会前列，会员业务覆盖了房屋建筑工程、市政公用工程、电力工程、机电工程等10多个专业类型。协会立足行业发展、会员需求，有序开展会员服务工作，探究"新基建"下多元化专题模式，引导监理企业结合自身优势资源探索多业态、多途径转型路径。

深耕行业，立足发展。协会积极倡导执业规范，强化诚信自律，持续凝聚行业发展合力，提升行业社会价值。协会坚持"为行业发声、为政府参谋、与会员为友、为行业引路"的发展定位。近年，协会组织开展了广东省住房和城乡建设厅委托的《广东省建设工程监理条例》立法后的评估，对粤港合作中相关法律法规差异性的课题调研；承办了中国建设监理协会委托的《城市轨道交通工程监理规程》《业主方委托监理工作规程》《装配式建筑工程监理规程》课题调研；自发组建专家、律师团队开展《建设工程监理责任相关法律法规研究》课题调研，并联合广东省安全生产协会制定了《广东省建设工程安全生产管理监理规程》团体标准，还组织编写了《广州、深圳、珠海、佛山工程监理费计费规则》；2022年，承办了中国建设监理协会委托的《监理人员尽职免责规定》课题研究和《城市轨道交通工程监理规程》课题转团标研究。协会积极聚焦行业改革，开展前瞻性课题研究，推进行业标准化建设，助力行业高质量发展。

创新不辍，锐意探索。协会关注广大会员服务需求，不断优化会员服务模式。为深度促进"互联网＋会员服务"融合落地，更好适配会员多应用场景的工作需要，协会在会员管理信息系统（网页版）基础上开发投用了个人会员教育APP，年平均在线学习超3万人次。此外，协会持续聚焦行业热点话题，构建"一网一刊一号"宣传渠道，赋能信息咨询和形象建设，持续擦亮"粤监理"品牌名片；紧抓新兴媒体发展红利，通过创意构思与协作部署，协会连续多年推出"安全月""质量月"直播系列讲座，首创沉浸体验式创优工程项目"云观摩"活动等，受到社会各界高度关注。

大道致远，奋楫共进。协会取经行业前沿，搭建会员沟通交流平台，常态化走访会员单位，召开区域会员单位座谈会，了解会员需求，关注各地营商环境，努力打破行业沟通壁垒。组织会员单位赴各省市行业协会考察学习，组织参加中国建设监理协会举办的现场经验交流会、中南地区省建设监理协会工作交流会和香港政府举办的"一带一路"高峰论坛暨粤港建设工程项目对接会等大型活动；协会还定期组织开展中高层管理者的交流沙龙活动，举办"数据融通 赋能发展"2021工程监理行业信息化论坛等，促进会员互学互鉴、共研共进。

心怀炬火，逐浪追光。协会始终坚持党建引领，通过党建学习和主题教育活动，加强党支部的组织建设；协会积极倡议会员单位投身社会公益，践行社会责任，弘扬行业正能量。2022年是党的二十大召开之年，是实施"十四五"规划关键之年，协会将一如既往赓续监理工匠根脉，信守行业服务承诺，充分发挥行业社会组织平台优势，聚拢广大会员共推行业高质量发展，齐创行业新的辉煌！

（本页信息由广东省建设监理协会提供）

中国建设监理协会机械分会

机械监理

东方电气（广州）重型机器有限公司　北京新机场停车楼、综合服务楼
（"詹天佑奖"）

锐意进取　开拓创新

伴随中国改革开放和经济高速发展，建设监理制度已经走过了30年历程。

30年来，建设工程监理在基础设施和建筑工程建设中发挥了重要作用，从南水北调到西气东输，从工业工程到公共建筑，监理企业已经成为工程建设各方主体中不可或缺的主力军，为中国工程建设起到保驾护航的作用。工程监理制度给中国改革开放、经济发展注入了活力，促进了工程建设的大发展，有力地保障了工程建设各目标的实现，推动了中国工程建设管理水平的不断提升，造就了一大批优秀监理人才和监理企业。

中国建设监理协会机械分会，会员单位均为国有企业，具有雄厚的实力、坚实的监理队伍、现代化的企业管理水平。会员单位均具有甲级及以上监理资质，综合资质占30%左右，承担了中国从机械到电子信息行业多数国家重点工程建设监理工作，如新型平板显示器件、半导体、汽车工业、北京新机场、大型国际医院等工程，取得多项国家优质工程奖、"鲁班奖""詹天佑奖"等荣誉奖。

机械分会在中国建设监理协会的指导下，发挥桥梁纽带作用，组织、联络会员单位，参加行业相关活动，开展行业标准制定和相关课题研究，其中包括项目管理模式改革、全过程工程咨询、工程监理制度建设等，为政府政策制定建言献策。

砥砺奋进30载。中国特色社会主义建设已经进入新时代，我们要把握新时代发展的特点，紧紧围绕行业改革发展大局，认真贯彻落实党的十九大精神，扎实开展各项工作，推动行业健康有序发展，不断提升会员单位的工程项目管理水平，为中国工程建设贡献力量。

北京通州运河核心区能源中心

铜川照金红色旅游名镇（文化遗址保护）

1. 北京华兴建设监理咨询有限公司：东方电气（广州）重型机器有限公司建设项目。

2. 北京希达建设监理有限责任公司：北京新机场停车楼、综合服务楼项目。

3. 北京兴电国际工程管理有限公司：北京通州运河核心区能源中心。

4. 陕西华建工程监理有限责任公司：铜川照金红色旅游名镇。

5. 浙江信安工程咨询有限公司：博地世纪中心项目。

6. 郑州中兴工程监理有限公司：郑州市下穿中州大道隧道工程。

7. 西安四方建设监理有限公司：中节能（临沂）环保能源有限公司生活垃圾、污泥焚烧综合提升改扩建项目。

8. 京兴国际工程管理有限公司：中国驻美国大使馆新馆项目（项目管理＋工程监理）。

9. 合肥工大建设监理有限责任公司：马鞍山长江公路大桥右汊斜拉桥及引桥项目。

10. 中汽智达（洛阳）建设监理有限公司：上汽宁德乘用车宁德基地项目。

（本页信息由中国建设监理协会机械分会提供）

博地世纪中心　　　　　郑州市下穿中州大道隧道工程

中节能（临沂）环保能源有限公司生活　中国驻美国大使馆新馆
垃圾、污泥焚烧综合提升改扩建　　　（项目管理＋工程监理）

马鞍山长江公路大桥右汊斜拉桥及引桥

上汽宁德乘用车宁德基地

北海出口加工区标准厂房

南宁市人民会堂

广西区二招会议及宴会中心（"鲁班奖"）

广西区高级人民法院

广西民族大学西校区图书馆（"鲁班奖"）

广西电台技术业务综合楼

贵港市"观天下"项目（国家优质工程）

广西壮族自治区国土资源厅业务综合楼（"鲁班奖"）

广西荣和集团千千树项目

河池水电公园鸟瞰图（"鲁班奖"）

广西大通建设监理咨询管理有限公司

　　广西大通建设监理咨询管理有限公司成立于 1993 年 2 月 16 日，是中国建设监理协会理事单位，是广西工程咨询协会常务理事单位，是广西建筑业联合会（招投标分会）常务理事单位，是广西区、南宁市建设监理协会副会长单位，也是广西具有开展全过程工程咨询资格的试点企业之一。本公司拥有房建监理甲级和市政监理甲级及机电安装监理甲级，拥有人防监理乙级资质，同时拥有工程咨询单位资信乙级，不仅具有监理各种类型的房建和市政工程的实力，还具有工程招标代理、造价咨询能力和监理专业工程诸如水利水电、公路、农林等方面的资历，获得了质量管理体系、职业健康安全管理体系和环境管理体系认证证书。

　　本公司职能管理部门有经营部、招标代理部、工程咨询部、造价咨询部、BIM 技术部、监理业务处、质安环管理部、人事处、综合部、财务处；二层管理机构有桂林、柳州、河池、贵港、百色、北海、贺州、钦州、防城港、玉林福绵、融安、崇左、平果、崇左江州、武鸣、兴宾、邕宁、灵山、东盟等分公司。主要从事房建、市政道路、机电安装、人防、水利水电、公路、农林等各类建设工程在项目立项、节能评估、编制项目建议书和可行性研究报告、工程项目代建、工程招标代理、工程设计、施工、造价预结算等各个建设阶段的技术咨询、评估、工程监理、项目管理和全过程工程咨询服务。

　　公司现有员工 650 多名，在众多高级、中级、初级专业技术人员中，国家注册咨询工程师、监理工程师、结构工程师、造价工程师、设备工程师、安全工程师、人防工程师、一级建造师和香港测量师共占 308 名。各专业配套的技术力量雄厚，办公检测设备齐全，业绩彪炳，声威远播，累计完成有关政府部门和企事业单位委托的项目建议书、可行性研究报告、工程评估、项目管理、项目代建、招标代理、方案优选、设计监理、施工监理、造价咨询等技术咨询服务 2810 余项。足迹遍及广西各地和海南省部分市县，积累了丰富的经验，获得了业主的良好评价。

　　经过员工们的努力，积淀了本公司鲜明特色的企业文化，成功缔造了"广西大通"品牌，多次被住房和城乡建设部和中国建设监理协会评为全国建设监理先进单位，年年被评为广西区、南宁市先进监理企业，多年获得广西和南宁工商行政管理局授予"重合同守信用企业"，累计获得"鲁班奖"4 项，获得"国家优质工程""广西优质工程"、各地市级优质工程等奖励 290 余项，为国家和广西各地经济发展做出了本公司应有的贡献。

　　广西大通建设监理咨询管理有限公司愿真诚承接业主新建、改建、扩建、技术改造项目工程的建设监理和工程咨询及项目管理业务等全过程工程咨询项目，以诚信服务让业主满意为奋斗目标，用一流的技能、一流的水平，为业主工程提供一流的技术服务，全力监控项目的质量、进度、投资、安全，做好合同管理、信息资料、组织协调工作，促使业主建设项目尽快发挥投资效益和社会效益！

广西柳州医药股份有限公司南宁中药饮片加工基地项目 龙泉一 鸟瞰图

广西南宁中药饮片加工基地

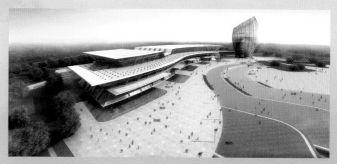
柳州会展会议中心

（本页信息由广西大通建设监理咨询管理有限公司提供）

重庆市建设监理协会

重庆市建设监理协会成立于 1999 年 7 月 10 日，是由在重庆市区域内从事建设工程监理与相关服务活动的单位和组织等，自愿组成的行业性社会组织。坚持以服务为宗旨，提高重庆市建设监理队伍素质为中心，为会员办实事，把监理协会办成"监理者之家"，被重庆市住房和城乡建设委员会授予"会员之家"称号，被重庆市民政局评为 4A 级社会组织。协会设有秘书处、综合办公室、财务部、培训部、行业管理部、咨询服务部，同时创办了《重庆建设监理》会刊。为不断提高监理水平，造就一支高素质的监理队伍，还组织开展了多层次的监理培训。专家委员会为加强行业自律，自协会成立起要求凡入会成员都要签署《行业自律公约》。在建设主管部门的支持和指导下，协会于 2002 年 10 月成立了"重庆市建设监理协会行业自律纪律委员会"，委员会对重庆市的监理行业进行自律检察和监督，更好地规范建设监理市场。

会员是协会存在的基础，为会员服务是协会的本职工作，协会应多为会员办好事、办实事，急会员所急、想会员所想，努力做到公平、公正、热心为会员服务。

邮　编：401122
电　话：023-67539261
邮　箱：cqjlxhhy@sina.com
网　址：www.jsjl.cq.cn
地　址：重庆市两江新区金渝大道汇金路 4 号重庆互联网智能产业园
　　　　11 楼

专家委员会成立大会

召开《建设工程监理工作标准》编制工作启动会

接待兄弟协会来访

纪念监理制度推行 30 周年系列活动之书画、摄影展

召开协会成立 20 周年纪念大会

举办"健康发展、拥抱未来"活动

被重庆市住房和城乡建设委员会授予"会员之家"称号　被重庆市民政局评为 4A 级社会组织

（本页信息由重庆市建设监理协会提供）

举办"携手并进、砥砺前行"徒步接力赛活动

专家委员会成立大会合影